青藏高原

人类活动的过程及其时空格局

张海燕　郭长庆　苏　筠／著

中国环境出版集团·北京

图书在版编目（CIP）数据

青藏高原人类活动的过程及其时空格局 / 张海燕，郭长庆，苏筠著 . —北京：中国环境出版集团，2024.8
ISBN 978-7-5111-5591-7

Ⅰ. ①青… Ⅱ. ①张… ②郭… ③苏… Ⅲ. ①青藏高原—人类活动影响—生态环境—研究 Ⅳ. ① X321.27

中国国家版本馆 CIP 数据核字（2023）第 162781 号

审图号：GS 京（2023）1032 号

责任编辑 曲 婷
封面设计 彭 杉
封面摄影 谷 强

出版发行 中国环境出版集团
（100062 北京市东城区广渠门内大街 16 号）
网 址：http://www.cesp.com.cn
电子邮箱：bjgl@cesp.com.cn
联系电话：010-67112765（编辑管理部）
010-67112736（第五分社）
发行热线：010-67125803，010-67113405（传真）

印 刷 北京中科印刷有限公司
经 销 各地新华书店
版 次 2024 年 8 月第 1 版
印 次 2024 年 8 月第 1 次印刷
开 本 787 × 1092 1/16
印 张 12
字 数 210 千字
定 价 90.00 元

编纂委员会

主　编　张海燕　郭长庆　苏　筠

副主编　樊江文　匡文慧　宋长青

编　委　李愈哲　窦银银　傅舒婧

刘慧明　董永平　郭炎明

谷　强　侯亚丽　杨仕琪

陶　乐　康　媛　田芳毓

赵晓丽　龚子健　萨日盖

宏格尔　高雄伟　田海静

刘晓洁　杨明新　詹　越

本专著出版和前期研究得到以下项目联合资助：

第二次青藏高原综合科学考察研究专题“人类活动影响与生存环境安全评估”（2019QZKK0608）子专题“人类活动结构和强度的时空差异”；

中国科学院A类战略性先导科技专项“人类活动对高原生态环境的影响评估”（XDA20090200）；

国家重点研发计划“陆路交通走廊生态环境影响与效益提升量化评估技术”（2021YFB2600102）；

国家自然科学基金资助项目“基于地理随机森林模型的放牧强度因子空间化表达及其对土壤风蚀的影响”（42007429）；

中国科学院地理科学与资源研究所科技计划项目“人类活动对北方干旱—半干旱区草原生态系统防风固沙服务的影响机制研究”（E1V10072YZ）。

序

青藏高原是全球海拔最高、面积最大的高原，是世界山地冰川发育最完备的地区、亚洲多条重要江河的源头区，也是中国乃至世界重要的生态安全屏障和全球气候变化的敏感区。近半个世纪以来，随着全球气候变化和人类活动的双重干扰，青藏高原人类生存环境发生不同程度的变化。特别是进入21世纪以来，人类活动的结构不断转变，强度不断加剧，对高原人类生存环境的影响逐渐加深，在一些区域甚至超过了气候变化的影响。同时，青藏高原一系列生态建设工程的实施在生态保育方面取得了积极效果，生态退化的趋势得到有效控制。人类活动强度作为客观反映不同人类活动对陆地表层施加的影响及其作用程度的综合性指标，是研究高原生存环境监测评估、生态系统退化与修复机理、社会经济可持续发展的前提和基础，也是青藏高原推进生态安全屏障建设和区域高质量发展的重要环节。而关于高原人类活动长时间序列的变化及其定量化研究仍相对匮乏，对青藏高原人类活动过程及其时空格局认识还不够明确，科学评估人类活动强度对于统筹协调青藏高原生态保护与经济发展具有重要意义。

我国高度重视青藏高原地区的生态保护和可持续发展，国际国内地球科学和生命科学领域的专家学者重点关注青藏高原，社会公众对青藏高原也越来越关注。为把青藏高原打造为国际生态文明高地，数年来，习近平总书记多次前往青海、西藏、甘肃等地考察调研、参与座谈，做出了一系列重要指示批示，如“保护好青藏高原生态就是对中华民族生存和发展的最大贡献”“守护好高原的生灵草木、万水千山，把青藏高原打造成为全国乃至国际生态文明高地”“深入推进青藏高原生态保护和高质量发展”等。2017年启动第二次青藏高原综合科学考察，深化对青藏高原环境变化机理的认识，进一步摸清青藏高原生态环境演化规律，科学评估气候变化和人类活动产生的安全隐患。2023年4月26日，十四届全国人大常委会第二次会议审议通过了《中华人民共和国青藏高原生态保护法》（以下简称《青藏高原生态保护法》），该法将于2023年9月1日正式实施。

在上述背景下，《青藏高原人类活动的过程及其时空格局》系统展开青藏高原近300年来人类活动的过程及时空格局的研究，厘清高原地区近300年来人类活动的类型、结构和范围，量化近30年来人类活动的强度，揭示高原人类活动的地域特色。该专著历经5年时间，经科考、研究、酝酿、编撰完成，主要包括以下两点创新之处：

（1）提出了以城乡建设、农牧业活动及生态建设和保护的高原人类活动“三元”结构，构建了具有高原特色的人类活动结构和强度时空表征模型方法，发展了1990～2020年长时间序列的1 km×1 km高精度人类活动结构和强度数据产品。

（2）从青藏高原人类活动总体特征和典型类型结构特征出发，厘清了高原人类活动的过程、结构与强度空间分布和动态演变规律，提升了高原人类活动的科学认知。

该专著充分体现了地理学、景观生态学、土地利用规划与管理科学、遥感科学和地理信息系统等多学科交叉，对于高原生态环境保护和规划管理具有较强的实用性，在生态环境保护以及区域高质量发展等领域具有重要的参考价值。谨以此推荐给各位读者。

王桥

2024年8月

前言

作为地球第三极，青藏高原地区自新中国成立以来人口、经济持续快速增长，特别是进入21世纪，仍保持较高的增长速度。同时，作为我国主要天然牧场，除遭到放牧活动干扰外，青藏高原地区还受到种植业、旅游业、工矿业、城乡建设等活动影响，加之高原生态屏障重大生态工程的实施，那么近30年来高原人类活动的轨迹和状态如何？如何实现高原人类活动的“过程和格局”的精准刻画？高原人类活动强度的地域分异规律和演变特征是什么？由此对人类生存环境产生了哪些胁迫和影响？

围绕上述问题，著者提出了以农牧业活动、城乡建设及生态建设和保护等维度的等高原人类活动“三元”结构，提出了高原人类活动两种状态（强度和结构）的评价体系和时空表征模型方法，通过科学考察、卫星遥感、地面观测、大数据和云计算等综合手段，准确模拟了1990～2020年长时间序列、高精度的青藏高原人类活动的强度。以期增强对高原人类活动本底状态、结构组成、变化过程和强度特征的认识，增强自然生态保护，支撑生态文明建设，促进高原绿色发展。

本书共8章，围绕揭示近300年来青藏高原人类活动演变过程及其结构与强度分异规律，系统介绍了青藏高原人类活动过程及时空表征理论框架、模型方法以及近300年演变过程，从农业活动、牧业活动、城镇活动、重大基础设施和生态工程建设等多方面考察高原人类活动结构和强度的时空差异。具体章节内容及人员分工如下：

第一章由樊江文、张海燕、匡文慧、宋长青等编写，从高原人类活动的概念与研究前沿、高原人类活动的特殊性与新理念等方面系统总结了青藏高原人类活动过程及其时空表征的理论框架。第二章由张海燕、郭长庆、樊江文、匡文慧等编写，详细介绍了高原人类活动过程及时空表征模型方法，主要包括高原人类活动结构和强度评估模型方法、高原城镇土地演变及成效评价方法等内容。第三章由苏筠、宋长青、陶乐、康媛、赵晓丽等编写，从高原人口、聚落与行政管理、农牧业生产与经济发展、交通线路建设与商贸活动等方面综述了自清中期至民国的近 300 年高原人类活动及其构成的演变特征。第四章由苏筠、宋长青、康媛、陶乐、田芳毓、龚子健等编写，从高原人口分布与城镇化、产业结构与经济发展、重大基础设施建设和生态环境保护等方面综述了 1949 年以来高原人类活动现代演变过程。第五章由张海燕、樊江文、李愈哲、刘晓洁、董永平、刘慧明、郭炎明、高雄伟、詹越等编写，系统评价了高原人类活动结构分异特征，主要包括农牧业活动、城乡发展、生态建设与保护的强度及其时空分异特征等内容。第六章由郭长庆、张海燕、傅舒婧等编写，系统评价了高原人类活动强度的时空格局及分异规律，主要包括人类活动强度的时空特征、空间分区和地域分异等内容。第七章由郭长庆、傅舒婧、匡文慧等编写，系统评价了高原城镇土地演变特征及其建设成效，主要包括高原城镇土地时空演变特征、土地利用效率、城镇建设效率评价和典型城镇扩展及其地表覆盖变化等内容。第八章由张海燕、郭长庆、苏筠等编写，系统总结了近 300 年来青藏高原人类活动过程及其时空格局的分异规律，科学考察的主要结论与未来展望。

全书由张海燕、郭长庆统稿。对在本书编写和出版过程中给予支持与帮助的各位老师、同学、编辑，在此一并表示感谢。

本书在第二次青藏高原综合科学考察研究专题“人类活动影响与生存环境安全评估”（2019QZKK0608）子专题“人类活动结构和强度的时空差异”等项目支持下，在前期农牧业活动及其环境影响、城镇化发展及其土地覆盖变化等领域扎实的研究基础上升华形成的一系列高原人类活动评估理论和监测分析方法，并对高原人类活动结构和强度加以深入分析。作者经过潜心研究撰写了本书，现呈现给各位读者。

本书撰写过程中参阅了大量文献，主要观点均做了引用标注，如有疏漏，在此表示深切的歉意。由于著者学识水平与能力的局限，加之编写时间仓促，书中存在不足之处在所难免，敬请批评指正。

著　者
2024 年 8 月于北京

目录

第一章

青藏高原人类活动过程及时空表征理论框架

第一节　人类活动概念与研究前沿

一、人类活动强度的基本概念

随着地球步入“人类世”，人类在陆地表层的活动类型多样化、程度不断加深、规模不断扩大，地表有限的空间所承受的压力不断增强（Lu et al.，2009）。对于人类活动对地表的影响定量化研究，最早可追溯至 *Man and Nature* 一书：“人类活动在多大程度上影响了自然的进程”（Marsh et al.，1864）。人类活动泛指人类一切可能形式的活动或行为，触及了生物圈中的每个地点、各个组成部分和发展过程，包括个体、群体、社会、政治和经济等不同方面。从人对自然的影响或作用视角，人类活动可被定义为人类为满足自身的生存和发展而对自然环境所采取的各种开发、利用和保护等行为的总称（徐勇 等，2015）。因此人类活动强度是指一定面积的区域受人类活动影响而产生的扰动程度（刘世梁 等，2018），人类活动强度的相关概念见表 1-1。随着现代人类活动对地球的影响范围和强度不断增加，现代人类活动已被视为一种新的地质营力，在地表生态系统的演化中发挥着越来越重要的作用。分析人类活动过程及其时空格局，提出对人类活动的有效调控措施，维持区域生态系统与人类社会的可持续发展，一直是人地关系研究中的重要科学问题（魏建兵 等，2006；周侃 等，2024）。

表 1-1　人类活动强度的相关概念

文献来源	人类活动强度的相关概念	评价方法
Sukopp，1976	一种评价人类有意或无意干扰对生态系统影响的综合方法，用于评价人类活动对生态系统的影响	通过采用地表斑块数定量反映
文英，1998	一定面积的区域受人类活动的影响而产生的扰动程度，或者说是人类的社会经济活动造成的该区域自然过程的速率发生改变的程度	自然、经济和社会等关键要素的指标体系

续表

文献来源	人类活动强度的相关概念	评价方法
Sanderson et al., 2002	综合考虑了个人、人口、产品、活动或服务消费习惯等对陆地或海洋需求量	人口密度、土地转换、人类通道、电力设备等多个变量的人类足迹指数法来计算
Mildrexler et al., 2009	由人类活动引起的植被指数和地表温度的共同变化	采用地表温度和增强型植被指数（Enhanced Vegetation Index，EVI）等来反映
徐勇 等，2015	一定地域人类对陆地表层自然覆被利用、改造和开发的程度	基于土地利用 / 覆被类型，采用陆地表层人类活动强度算法，以建设用地当量作为基本度量单位
荣益 等，2017	一定区域内土地生态系统服务价值总体受人类活动的强度	采用生态类型的变化来表征人类的干扰
刘世梁 等，2018	表达人类社会经济活动对自然状态下的区域产生影响的综合指标	多因素综合评价法和基于土地利用类型的评价方法
Kennedy et al., 2019	基于现有扰动分类系统，直接或间接影响自然土地的行为	人类居住、农业、交通、采矿和能源生产、电力基础设施等人类改造度模型
徐志刚 等，2009	指区域人类活动具有一定社会职能的各种动作的总和，包括人口、技术、政治经济和文化等因子	社会、经济和文化三方面的因子
周雅萍 等，2024	人类对自然环境产生扰动作用程度的客观表现	采用从人类活动引起的结果变化出发，比如以土地利用变化、生态系统服务变化和多种状态因素变化等角度分析
柴文雯 等，2024	指人类活动对自然环境作用程度的综合指示器	采用归一化植被指数（Normalized Difference Vegetation Index，NDVI）来反映

二、高原人类活动对生态环境的影响

过去几十年，随着气候变化与人类活动加剧，到 20 世纪 90 年代，青藏高原超过 50% 的草地发生了不同程度的退化（杨晓霞 等，2023）。当前，青藏高原生态环境的改变受广泛认为是气候变化与人类活动双重影响。全球气候系统复杂多变，影响气候变化因素较多，青藏高原作为地球的“第三极”，对全球气候变化最为敏感，对其变化趋势在科学认识上还存在不确定性（陈发虎 等，2021）。虽然青藏高原是全球低人类影响区之一，但随着人口快速增长、城镇化和农牧业的快速发展，1990—2010 年青藏高原人类活动给高原生态系统带来的压力的增幅超过全球同期的平均水平，威胁着高原生态系统的稳定（Li et al., 2018a；汪东川 等，2024）。已有研究表明过度放牧、土地利用变化、乱挖滥采等人类活动是青藏高原草地退化的主导因子。以草地生态系统为例，放牧是最典型和最主要的人类活动，其可以通过减少生物量、改变群落组成甚至改变优势物种等方式显著影响草地生态系统（Zhang et al., 2023）。但长期的适度放牧不会对草地生态系统产生负面影响（Zhu et al., 2023）。而过度放牧、开垦等会减少优势物种、滋生毒杂草、降低植被高度和覆盖度、降低草地生产力等，甚至使得草地植被无法维持自我生长，导致草地生态系统发生逆向演替，致使草地退化甚至荒漠化（Zhang et al., 2023；刘永杰 等，2023）。

当前人类活动对生态环境的影响呈增强态势，并逐渐起主导作用，总体缓解甚至局部扭转了生态系统退化的态势（Cai et al., 2015；Liu et al., 2023）。因此，在气候变化背景下，定量评估人类活动对生态系统变化的影响已成为全球变化研究的热点和难点。识别人类活动引起的生态系统变化的定量方法日益成熟，随着遥感监测数据更新，大数据的出现，机器学习和人工智能技术的发展，不断为定量识别人类活动对生态系统的影响奠定基础。

当前国内外学者在人类活动对生态系统综合影响的研究主要集中在以下几个方面：一是关注人类活动对青藏高原生态过程的影响，如人类足迹的计算证明，人类足迹逐渐增大，人类活动对青藏高原地区存在严重威胁（Li et al., 2018a）；对青藏高原地区人类活动强度与生态系统服务价值交互关系的研究发现，生态系统服务价值高的地区人类活动强度也更高（Yuan et al., 2024）。二是关注远程人类活动对青藏高原环境变化的影响。例如，区域大气污染物输入对青藏高原冰川加速消融的影响（Kang et al., 2016）。三是对青藏高原环境变化进行人类活动的归因分析，并剖析其影响效应。例如不当砍伐导致森林退化，造成严重水土流失，自然灾害频发（牛亚菲 等，1999）；长期过度放牧导致草场退化和沙漠化，人类活动密集引起地表温度与降水变化，进而导致高原冻土退化（Liu et al., 2018）；青藏高原城镇化与生态环境交互影响关系分析显示城镇化指数与生态环境指数呈现出强脱钩、弱脱钩交互出现的波动态势，不同尺度间存在城镇化与生态环境的负相互作用，消极城镇化现象突出（冯雨雪 等，

2020）。在上述研究中只针对单项或少数几项人类活动对青藏高原生态系统产生的影响为主，而未全面涵盖青藏高原主要人类活动形式，人类活动对生态系统的综合影响研究仍较为缺乏。

三、人类活动的量化评价

国际上人类活动强度的量化研究最初是1975年Levin通过对比土壤实际侵蚀速率与估算的土壤侵蚀背景值来评价的，此后1989年McCloskey基于全球导航数据，制备了第一个全球尺度未受人类活动干扰土地的空间分布数据集。在国内，文英（1998）首先基于自然、经济和社会等三方面指标评价全国各省（区、市）的人类活动强度。目前研究主要是从压力和状态两个角度对人类活动强度进行定量化评价。前者主要利用基于权重的多指标叠加体系对人类活动强度进行评估，常用方法以人类足迹指数（Human Footprint Index，HFI）最为典型（Li et al.，2018；Sanderson et al.，2002）；后者则从土地利用变化、生态系统服务变化或多因子状态变化等方面评价人类活动强度，相关的方法有人类活动强度指数（Human Activity Index，HAI）（荣益 等，2017）、人为干扰度（Sukopp，1976）、景观发展强度指数（Landscape Development Intensity，LDI）（Woolmer et al.，2008）、净初级生产力的人类占用（Human Appropriation of Net Primary Production，HANPP）（Haberl et al.，2007），MODIS全球干扰指数（MODIS Global Disturbance Index，MGDI）（Mildrexler et al.，2009）等。HFI由Sanderson等（2002）提出，该方法选择人口密度、土地利用转变、通达性和电力基础设施4类空间数据，分图层进行缓冲区和影响力赋值（0～10，分值越高，代表影响强度越大），并进行叠加分析来评价全球尺度人类活动强度。但由于不同区域内的地形地貌和人类生产生活方式的差异，在各指标影响力评价阈值划分上仍存在可优化的空间。此外，各指标图层之间仅是简单叠加，未考虑相互间关系。

国内的人类活动压力对生态环境影响研究也取得了较大进展，但多数研究是从土地利用变化和景观的角度进行定量化的（刘世梁 等，2018），即通过对不同土地利用类型或景观组分进行压力系数定量化，整合后获得人类活动压力。

例如，将土地利用类型折算成建设用地当量，构建了陆地表层人类活动强度模型，并从省级和县级尺度研究了1984—2008年中国的人类活动强度变化（徐勇 等，2015）。目前，越来越多国内学者也借鉴人类足迹等框架，在我国珠江三角洲（Huang et al.，2023）和陕西省（An et al.，2024）等地区开展了人类活动压力定量化研究。

此外，综合指标法认为人类活动强度是自然环境条件与人类社会经济活动综合作用的结果，因此在数据制备时选择经济、社会和自然等多方面的指标来定量评价人类活动强度。如胡志斌等（2017）选取道路、居民点和地形等因子来定量评价人类活动强度。首先将道路和居民点依据不同的等级确定影响力赋值和空间插值，然后依据各因子的权重确定计算公式来计算人类活动强度并完成数据的制备。郑文武等（2011）则选择城镇面积、耕地面积、交通活动强度、农业产值、工业产值和地形等指标来评价人类活动强度。首先模拟城镇区域、耕地区域和交通线路区域的人类活动强度，然后通过地形因子校正和叠加分析来制备人类活动强度空间数据。由于综合指标法选取多种指标评价人类活动强度，评价结果较好，是当前制备青藏高原人类活动强度空间数据的主要方法（张海燕 等，2019）。但由于该类方法普遍需要结合统计数据，且制备的数据主要以县为最小空间单元，空间精细度较差，因而只适用于以行政单元为研究对象的区域。

综上可知，以上研究虽然有助于从不同角度来量化和识别人类活动对区域生态环境的影响，但对青藏高原人类活动定量刻画还不足，选取指标不够全面，异质性关注不够密切，更无法准确、全面地刻画人类活动的演变过程、结构特征与影响程度。

第二节　青藏高原人类活动的特殊性和新理念

一、青藏高原人类活动的特殊性

青藏高原是世界上平均海拔最高的高原，被称为“世界第三极”，是我国长江、黄河和澜沧江等关键河流发源地，水体和湿地资源丰富，是我国甚至亚洲重要的生态安全屏障（钟祥浩 等，2006；孙鸿烈 等，2012；刘纪远 等，2009；姚檀栋 等，2017；陈德亮 等，2015；王小丹 等，2017）。同时，青藏高原具有独特的自然地域格局和丰富多样的生态系统，被确定为全球生物多样性保护的25个热点地区之一，尤其是高寒特有生物多样性保护的重要区域（Myers et al.，2000；孙鸿烈 等，2012）。而青藏高原同时也是自然环境极为严酷的区域之一，生态环境极为脆弱，自我修复能力差，对人为干扰尤其敏感，一旦遭到破坏，难以逆转或者短时间内难以恢复（张宪洲 等，2015；张镱锂 等，2017）。

现代农牧业活动、工业与城镇化建设、旅游业以及重大工程等是高原人类活动的主要表现形式。耕地面积扩张、集约利用程度提高、载畜量增加等农牧业活动直接导致高原植被数量和质量的下降并影响了生物多样性，同时因地表覆被变化而引发气候、水文和地质灾害等问题，进而影响生态系统服务功能。工业与城镇化的发展、人口与经济活动的空间集聚也对城镇周边的生态系统和资源造成了深刻影响。大型工程建设对高原生态系统的影响一直是学术界研究的热点。短时间内建造的大型工程（如青藏铁路、青藏公路等）造成了陆地表层系统的强烈扰动，对生态系统的格局与功能产生影响，直接或间接改变了野生动植物的生境，甚至导致栖息地的破碎化和丧失（Zhu et al.，2016）。矿产开发也会对保护区内野生动物的迁徙带来严重影响（Zhang et al.，2021）。源于人们对美好生活的追求以及对青藏高原的向往，青藏高原的旅游业不断发展，然而外来人口的介入极易对原本脆弱的高原生态系统造成冲击，对高原生态系统完整性造成破坏。

随着国家公园体制改革的逐步深入，在《建立国家公园体制总体方案》和《关于建立以国家公园为主体的自然保护地体系的指导意见》等政策文件指导下，青藏高原保护地体系正在由自然保护区为主体向国家公园为主体转变。2016年三江源和祁连山成为第一批国家公园建设试点，2021年10月三江源正式成为第一批国家公园。

在青藏高原，多位学者借鉴人类足迹等概念开展了人类活动压力测度研究，并指出高原人类压力总体偏低，但增速快，且空间异质性强（Li et al.，2018b；

Luo et al., 2018；段群滔 等，2020）。然而，当前研究也存在一定的不足，如放牧活动是青藏高原最主要的人类活动压力源（张江 等，2020），但仅少数研究考虑了放牧活动指标。此外，部分研究中采用的人类活动因子栅格数据，如人口密度和牲畜密度数据，多为全球或全国尺度的数据，这些数据在青藏高原存在较大的不确定性（Bai et al., 2018；Li et al., 2019）。

二、青藏高原人类活动强度的新理念与框架

目前人类活动是影响青藏高原环境变化极其活跃的因素。在科学认识现代人类活动（如农牧业发展、城镇化、工业化、重大基础设施工程建设、生态工程建设、自然保护区建设等）与环境变化相互作用规律的基础上，系统诊断青藏高原人类活动的本底状态（强度和结构），对青藏高原人类活动的方式与模式进行合理调控，对规避青藏高原未来的生态环境风险和应对生态环境变化具有非常重要的科学意义和学术价值。

人类活动指包含人类一切可能形式的活动或行为，从对自然影响的视角，人类活动可被定义为在一定地域内（如青藏高原）人类为满足自身的生存和发展而对陆地生态系统所采取的各种开发、利用和保护等行为的总称（图 1-1），可以从区域开发度、生态友好度和资源利用度 3 个维度进行解释。人类活动强度（Human Activity Intensity of Land Surface，HAILS）是对人类活动程度的度量，指高原所受人类活动影响导致地表剥蚀速率发生改变的程度。其中草原是青藏高原最主要的自然资源类型，总面积约为 $1.59 \times 10^6\ km^2$（张江 等，2020），农牧业活动是青藏高原最主要的人类干扰方式，其中，高原放牧活动不仅可以直接改变草地的形态特征，导致草原群落发生逆行演替，还可能会改变草地的生产力和草种结构，降低草地的生产性能。青藏高原的耕地面积较少，不足高原土地总面积的 0.2%，但却承担着区域粮食安全与农业农村高质量发展的重担，且农田生态系统是受人类活动影响强烈的区域，农业生产方式和耕地利用情况都可能会对区域环境产生重要影响。

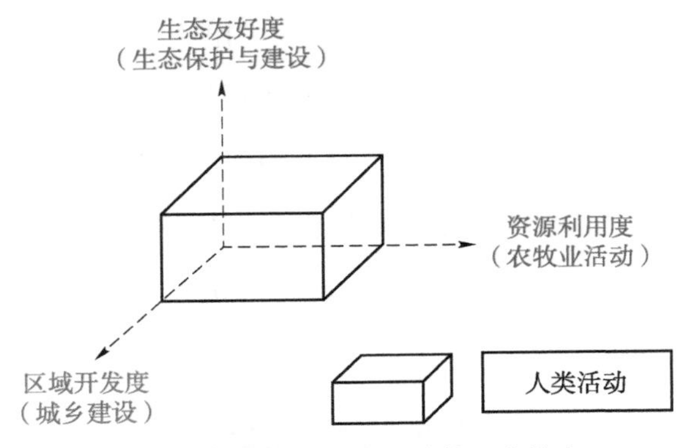

图 1-1　青藏高原人类活动的 3 个维度

区域开发度主要是从建设用地扩张，即工业化及城镇化进程角度来分析，资源的不合理开发和利用使高原呈现生态环境退化的趋势（冯雨雪　等，2020）。青藏高原工业化和城市化的发展状况呈现点状和聚集的空间效应，且近年来呈现明显的扩张趋势，在局部区域集中了最强烈的人类活动过程（方创琳，2022），尤其是随着以青藏公路和铁路为代表的现代交通基础设施的建设，除对当地生态环境产生了较大的干扰外，接踵而至的高原旅游也导致人类活动强度的增加。

青藏高原是陆地特有的高寒生态系统，是全球生物多样性最丰富（孙鸿烈　等，2012）、受威胁陆地生态系统集中及生物多样性保护热点（Myers et al.，2000；Olson et al.，2001）地区之一。自 2000 年以来，青藏高原实行了一系列生态保护与修复工程，自 1963 年青藏高原已建成各类自然保护区 155 个，保护区面积达到 82.24 万 km^2（张镱锂　等，2015a）。青藏高原进行的系列生态保护与建设工程对抵消人类活动的负面干扰、改善生态环境状况与维持生物多样性起到了关键作用。

随着以家庭或联合牧场为经营单元的季节轮牧制度的实施（魏伟　等，2020），以及城乡一体化的推进（李媛媛　等，2021），当地农牧民的生产生活方式都发生了较大改变，在追求土地利用最大效益的同时，人类活动日渐频繁，由此导致了草原退化、生物多样性减少等一系列生态环境问题。因此，对青藏高原人类活动进行结构分析和强度量化，不仅有助于了解高原人类活动的演化特征和驱动因素，也能进一步探索区域人类活动对生态环境产生的影响，对于合理调控人类活动、科学规划国土空间和维护高寒生态系统具有重要的现实意义。

第 二 章

青藏高原人类活动过程及时空表征模型方法

青藏高原的人类活动类型多样化、地域差异大、受政策等因素的影响显著、驱动机制复杂。综合考虑以上各项因素，选择农牧业活动、社会经济活动、工业和城镇化建设、旅游活动和生态工程建设等方面构建人类活动综合指数评价模型。开展从全域、区域、省域再到县域乃至像元尺度的计算和评价，分阶段分析揭示人类活动的时空差异，科学评价人类活动对生态系统变化的正负效应。另外，针对城镇化这一典型人类活动，从土地利用效率、城市扩展速度及比例、城镇人口密度、城镇经济密度、城市不透水面、绿地空间面积比例和人均城市绿地空间面积等指标定量评价青藏高原及其典型地区城镇土地演变过程及城镇化成效。

第一节　青藏高原人类活动结构和强度评估模型方法

一、青藏高原人类活动结构和强度评估指标体系

（一）指标因子遴选

基于文献分析、野外调研以及主题访谈，结合青藏高原的生态系统变化和人类活动特征，在全球人类足迹测度模型框架下，遴选面向人类活动的指标因子，构建青藏高原人类活动强度评估指标体系，由 3 个一级指标、8 个二级指标和 22 个三级指标构成（表 2-1）。其中，青藏高原独特的高寒自然地理环境和严酷恶劣的资源开发利用条件等客观因素决定了该区经济发展的核心支柱是农牧业。农牧业活动是青藏高原干扰最大的人类活动形式，化肥、农药和地膜的使用在很大程度上能够提高作物产量，但也在一定程度上给农业生态环境带来压力。以县域统计数据为基础，分析青藏高原全区及其各省、县区的化肥、农药和地膜使用量，一方面可以深入了解不同区域的农业生产条件，另一方面可以识别各地农业生产对生态环境的影响程度。肉、奶等产量是当地畜牧业发展的直接表现结果，同时随着智慧生态畜牧业等的建设，以及农牧业基础设施建设和牲畜养殖培育技术的发展，在生态安全基础上适度提升了对应的农业生产条

件，一定程度上改善了当地的生态状况（杨阿维，2020）。因此，选取肉类和奶类产量来表征高原农牧业活动状况。另外，根据相关技术规范，其中放牧强度用单位面积上标准羊单位（SHU）的数量来表示。最终，农牧业活动选取农牧业土地面积、集约度和产品产出 3 个方面进行度量。

表 2-1　青藏高原人类活动强度评估指标体系及权重系数

一级指标（A）	二级指标（B）及权重	三级指标（C）及权重		扰动方向
资源利用度（农牧业活动 A_1）	农牧业用地 B_1=0.35	耕地面积占比 /%	C_1=0.4	正向
		有效灌溉面积占比 /%	C_2=0.4	正向
		放牧草地面积占比 /%	C_3=0.2	正向
	生产集约度 B_2=0.45	单位面积化肥施用量 /（t/km^2）	C_4=0.2	正向
		单位面积农药施用量 /（t/km^2）	C_5=0.25	正向
		单位面积设施农业数量 /（个 $/km^2$）	C_6=0.1	正向
	产品产出 B_3=0.20	草地放牧强度 /（SHU/km^2）	C_7=0.25	正向
		粮食总产量 /（t/km^2）	C_8=0.4	正向
		肉类产量 /（t/km^2）	C_9=0.3	正向
		奶类产量 /（t/km^2）	C_{10}=0.3	正向
区域开发度（城镇化发展 A_2）	城镇化水平 B_4=0.8	城镇用地占比 /%	C_{11}=1.0	正向
		人口密度 /（人 $/km^2$）	C_{12}=1.0	正向
		城市化率 /%	C_{13}=0.6	正向
		建设用地面积占比 /%	C_{14}=1.0	正向
	经济发展水平 B_5=0.25	单位面积 GDP/（元 $/km^2$）	C_{15}=1.0	正向
		矿区分布密度 /（个 $/km^2$）	C_{16}=1.0	正向
		旅游景点密度 /（个 $/km^2$）	C_{17}=1.0	正向
	基础设施建设 B_6=0.5	公路密度 /（km/km^2）	C_{18}=0.5	正向
		铁路密度 /（km/km^2）	C_{19}=0.5	正向
生态友好度（生态保护与建设工程 A_3）	生态保护 B_7=0.5	自然保护区占比 /%	C_{20}=1	负向
	重大生态工程实施 B_8=0.5	生态工程实施面积占比 /%	C_{21}=0.6	负向
		生态工程投资额 /（元 $/km^2$）	C_{22}=0.4	负向

城镇化建设与工矿旅游业发展是青藏高原极其活跃的区域开发人类活动，对青藏高原生态环境变化和生态文明建设具有重要影响。人类是各种活动的主体，人口数量是衡量人类活动强度的最基本参数，人口数量越大，对生态环境的干扰也就越大。人类活动对生态环境的扰动程度与人口的规模密切相关，人口密度直接反映了人口对环境的压力，自然界所受到的人类扰动与人类社会的规模和构成有关。人口数量会影响水土资源、能源、粮食、环境等诸多方面，从而对自然环境产生直接压力。城镇化水平主要从城镇用地、人口数量和城镇化建设规模来进行度量；旅游活动主要以单位面积的旅游景点数量来度量；工矿业发展主要从建设用地、总产值、工业和矿业 4 个方面进行度量。

青藏高原长期超载过牧导致了历史时期生态退化、草畜不平衡以及人地矛盾等突出问题。为保护青藏高原生态环境，我国实施了一系列生态保护修复政策与工程，建设了以三江源国家公园为代表的自然保护地体系。因此，生态友好度用单位面积的生态工程分布和投入等来度量，具体包括自然保护区占比、生态工程实施面积占比和生态工程投资额 3 项指标。

在此基础上，通过层次分析法，结合专家咨询打分，确定了各类指标项的权重（表 2-1）。

基于以上指标体系，研究使用的主要数据源包括基础地理数据、遥感解译数据和农牧业活动、城镇化发展、工矿业活动等七大人类活动类别专题数据。涉及多源、多类型数据，其中以遥感解译数据为主。牲畜数量来源于县域农业统计资料，根据《天然草地合理载畜量的计算》（NY/T 635—2015），马折算为 6 个标准羊单位（SHU），牛折算为 5 个标准羊单位（SHU），驴、骡、鹿等折算为 6 个标准羊单位（SHU）。交通道路网络数据是以全国 1∶25 万数据库为基础数据，通过对不同时期中国地图出版社出版的地图册进行矢量化得到（高兴川　等，2019）。城镇化率采用的是城镇人口占总人口（包括农业与非农业）的比重。因部分数据受统计单元限制，采用市域或县域数据来代替公里网格尺度，如粮食产量、化肥施用量、农药施用量、地膜使用量和牲畜数量等。因统计年鉴数据缺失或查询不到最新数据，部分指标统计时间段略有差异。

（二）指标权重确定

人类活动强度指数的量化方法主要包括客观赋权法（如熵权法）和主观赋权法（如专家打分法）。当前国内外的人类活动评估模型中的因子权重系数仍主要基于经验数据值测定。针对生态系统变化这一特定对象开展人类活动强度定量化研究，为避免出现与实际相悖的情况，通过国内外权威文献的荟萃分析，初步拟定人类活动因子的压力系数，再基于主题访谈与咨询的方式对压力系数优化调整。主题访谈和咨询对象的研究领域涵盖生态系统变化、人类活动影响、自然保护区以及高原植被变化和草地管理等。访谈与主题咨询采用现场访谈和微信问卷调查等方式，数量为 50 个。

在因子权重系数量化过程中，还考虑了部分指标对生态系统的影响范围和压力系数的时间维度。例如，铁路修建对生态系统的扰动范围，即考察对象与铁路线的距离；同时考虑到各级道路修建和翻新时对生态系统的扰动程度明显大于运行多年且未翻新的道路。

二、青藏高原人类活动结构和强度评估方法

（一）人类活动因子标准化处理

由于评价指标之间具有量纲差异和单位差异，导致人类活动强度评价不能采用原有指标直接进行计算。在评估人类活动强度的过程中，将对人类活动因子的数值进行极差标准化，某人类活动因子的压力系数主要依据其在青藏高原范围内对生态系统的最大扰动或恢复程度，因此，在野外调研时，依据已收集的人类活动因子数据，重点调研人类活动因子的高值区。因此，采取极差标准法，根据原有指标对人类活动的正向影响和负向影响，对指标进行标准化处理，从而使数据之间可以进行运算分析。其计算公式如下：

正向指标：

$$X_i = \frac{X_i - X_{\min}}{X_{\max} - X_{\min}} \tag{2-1}$$

负向指标：

$$X_i = \frac{X_{max} - X_i}{X_{max} - X_{min}} \tag{2-2}$$

式中，X_i——标准化处理后的第 i 个指标的值，取值为 0～1；

X_i——第 i 个指标的数值；

X_{min}——第 i 个指标的最小值；

X_{max}——第 i 个指标的最大值。

正向指标数值越大，负向指标数值越小，表明人类活动强度越高，反之，则人类活动强度越低。

（二）人类活动强度指数计算

将上述利用极差标准化法处理后的所有人类活动因子数值标准化为 0～1，再与因子压力系数相乘，然后整合生成单项人类活动因子强度（HI_s）。在此基础上，基于 ArcGIS 空间分析工具中的模糊叠加模型，生成 1990—2020 年多期青藏高原人类活动压力公里网格数据集。模糊叠加模型的算法如下：

$$HI_c = 1 - \prod_{s=1}^{n} [1 - (HI_s)] \tag{2-3}$$

式中，HI_c——人类活动强度，其范围从 0（无人类活动）到 1（高人类活动强度）；

n——人类活动因子的个数。

（三）人类活动强度等级划分

在构建人类活动强度评估指标体系的基础上，依据青藏高原各类人类活动指标的特色，按照其数值特点，以及当前各类国家标准、行业标准规定，并咨询相关专家，通过计算分析，确定了人类活动强度指数评估分级标准（表 2-2）和人类活动强度变化指数变化程度分级标准（表 2-3）。各项指标的归一化值、综合指数及其变化的分级评价标准如表 2-2 和表 2-3 所示。

表 2-2　人类活动强度指数评估分级标准

指标名称	分级标准				
	1	2	3	4	5
人类活动强度指数（HI）	很弱	较弱	中等	较强	很强
	＜0.25	0.25～0.35	0.35～0.45	0.45～0.55	＞0.55

表 2-3　人类活动强度变化指数变化程度分级标准

指标名称	分级标准				
	-2	-1	0	1	2
人类活动强度变化指数（CHI）	明显减弱	有所减少	基本不变	有所加强	明显加强
	＜-10%	-10%～-5%	-5%～5%	5%～10%	＞10%

（四）人类活动强度分区

以 2020 年青藏高原人类活动强度现状为基础，利用 *K*- 均值聚类算法对青藏高原人类活动强度进行聚类分析，并根据青藏高原人类活动的基本分布与现状特征进行调整，将青藏高原人类活动强度分区阈值设定如下（图 2-1）：高强度（＞0.45）、中等强度（0.35～0.45）、低强度（0.25～0.35）和极低强度（＜0.25）。

基于青藏高原人类活动强度分区阈值，以人类活动强度空间上的自然过渡为主要依据，划分青藏高原人类活动强度主导区，主导区划分时应保证相应阈值的像元数占其分区总像元的 50% 以上。由此，将青藏高原人类活动划为高强度人类活动主导区、中等强度人类活动主导区、低强度人类活动主导区和近无人类活动干扰区 4 类主导区。

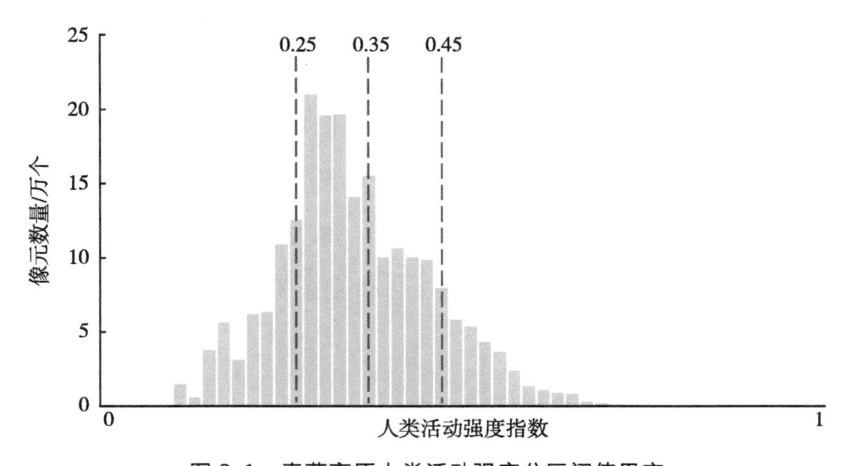

图 2-1　青藏高原人类活动强度分区阈值界定

第二节　青藏高原城镇土地演变及成效评价方法

一、城镇土地时空演变分析方法

基于中国土地利用/覆盖数据和社会经济数据，利用土地利用效率（Li et al.，2021）、城市扩展速度（高金龙　等，2013；Kuang et al.，2018；Kuang，2020）、城市扩展比例（Wu et al.，2020；Kuang et al.，2021；Cheng et al.，2021）和人均城市土地面积（何明花　等，2014；李晓宁　等，2014）等指标开展青藏高原城镇扩展进程中的土地时空演变特征分析。

在联合国可持续发展目标（SDGs）监测和评估框架中，土地利用效率（LCRPGR）使用SDG11.3.1——土地消耗率（Land Consumption Rate，LCR）与人口增长率（Population Growth Rate，PGR）的比值进行评价。

$$\mathrm{LCRPGR}=\frac{\mathrm{LCR}}{\mathrm{PGR}}=\frac{\dfrac{\mathrm{UL}_{t_2}-\mathrm{UL}_{t_1}}{\mathrm{UL}_{t_1}}\times\dfrac{1}{t_2-t_1}}{\dfrac{\ln\left(P_{t_2}/P_{t_1}\right)}{t_2-t_1}} \tag{2-4}$$

式中，UL_{t_2}、UL_{t_1}——t_2、t_1时间点的城市土地面积，km^2；

P_{t_2}、P_{t_1}——t_2、t_1时间点的城市人口数量，万人。

城市扩展速度指特定时段内年均城市扩展面积。城市扩展比例指特定时段内城市扩展面积占初始年份城市土地面积的比例。人均城市土地面积指特定年份城市土地面积与城市人口之比。公式如下：

$$\mathrm{DUL}_{t_1-t_2}=\frac{\mathrm{UL}_{t_2}-\mathrm{UL}_{t_1}}{t_2-t_1} \tag{2-5}$$

$$\mathrm{RUL}_{t_1-t_2}=\frac{\mathrm{UL}_{t_2}-\mathrm{UL}_{t_1}}{\mathrm{UL}_{t_1}}\times 100\% \tag{2-6}$$

$$\mathrm{PUL}_{t}=\frac{\mathrm{UL}_{t}}{P_{t}} \tag{2-7}$$

式中，$DUL_{t_1-t_2}$——t_1 到 t_2 时段城市扩展速度，km^2/a；

$RUL_{t_1-t_2}$——t_1 到 t_2 时段城市土地扩展比例，%；

PUL_t——t 年份人均城市土地面积，m^2；

UL_{t_2} 和 UL_{t_1}——t_2 和 t_1 时间点的城市土地面积，km^2；

UL_t——t 年份城市土地面积，km^2；

P_t——t 年份城市人口，百万人。

另外，考虑到青藏高原独特的地形地貌和城市之间的空间自相关性，选择叠加水系、高程、土地利用 / 覆盖类型、坡度等自然条件因子，采用 Natural Breaks（Jenks）分 5 级（1～5）显示青藏高原自然条件状况。其中，得分低的变量表明更适宜建设城镇用地。判定 1 000 m 以内有水源分布的地区更利于城镇建设，赋值为 1，其余为 3；土地利用 / 覆盖类型中，建设用地、草地、林地、耕地、未利用地、水域分别赋值 1～6，高程和坡度都采用 Natural Breaks（Jenks）分为 6 级（1～6）。再将自然条件综合因子与城镇用地斑块因子（城镇用地斑块赋值 1，其余赋值 5）叠加得到综合变量，采用莫兰指数（Moran's I）的空间相关性分析以进一步探究城镇用地分布特征（Xiao et al.，2022）。

二、城镇化效率评价方法

基于中国土地利用 / 覆盖数据和社会经济数据，利用城镇人口密度（UPD）、城镇人口密度变化量、城镇经济密度（UED）和城镇经济密度变化量等（Zhang et al.，2019；Song et al.，2021）指标对青藏高原城镇土地利用变化情况下的效率进行评价。定义城镇人口介于 100 万～500 万的为大城市，城镇人口介于 50 万～100 万的为中等城市，城镇人口小于 50 万的为小城市。

$$UPD = \frac{URP}{UA} \tag{2-8}$$

$$UED = \frac{TGDP}{UA} \tag{2-9}$$

式中，URP——城镇人口数量，万人；

UA——城镇用地面积，km^2；

TGDP——城镇行政单元内的地区生产总值，亿元。

三、城市土地覆盖变化评价方法

基于中国城市不透水面和绿地空间组分数据和社会经济数据，利用城市不透水面、绿地空间面积比例（Kantakumar et al.，2016；Kuang et al.，2018；Kuang，2020）和人均城市绿地空间面积（李晓宁 等，2014；刘志强 等，2016）等指标分析扩展进程中城市不透水面和绿地空间的变化，基于此揭示社会经济因素和政策因素对城市土地利用 / 覆盖变化的影响。

城市不透水面面积比例指城市不透水面面积占城市土地面积的比例。城市绿地空间面积比例指城市绿地空间面积占城市土地面积的比例。人均城市绿地空间面积指城市绿地空间面积与城市人口之比。公式如下：

$$\mathrm{ISA}_p = \frac{\mathrm{ISA}}{B} \times 100\% \tag{2-10}$$

$$\mathrm{UGS}_p = \frac{\mathrm{UGS}}{B} \times 100\% \tag{2-11}$$

$$\mathrm{UGSF}_t = \frac{\mathrm{AUGS}_t}{P_t} \tag{2-12}$$

式中，ISA_p——城市不透水面面积比例，%；

UGS_p——城市绿地空间面积比例，%；

UGSF_t——t 年份人均城市绿地空间面积，m^2；

ISA——城市不透水面面积，km^2；

UGS——城市绿地空间面积，km^2；

B——城市土地面积，km^2；

AUGS_t——t 年份城市绿地空间面积，km^2；

P_t——t 年份城市人口，百万人。

第三章

青藏高原人类活动近300年演变过程

人类活动具有空间上的延续性和强度上的累积性。历史时期的人类活动是现代人类活动的基础。过去 300 年，是研究历史人地关系的重要时段。在这一时段全球人口增长迅猛，农业垦殖空前扩张，自然植被面积锐减，工业革命后人类活动导致大气 CO_2 浓度增加。对于中国而言，过去 300 年是中国人口爆炸式增长的时期，在这一阶段清政府（1636—1911 年）加强对青海和西藏的管理与开发。通过参考史书及整编资料，收集和提取青藏高原自清中期至民国时期的人类活动记录，并从行政管理与人口、聚落、农牧业与经济、交通与商贸 3 个方面对人类活动进行分析。对人口、耕地、交通路线和贸易量等关键指标进行特定时间断面的重建，以展现青藏高原在历史时期的人类活动空间格局，作为理解近代青藏高原人类活动的基础。

第一节　人口、聚落与行政管理

人类对自然资源的开发利用，直接动力来源于人口增长所带来的生存压力。因此，研究人口和聚落的数量变化、分布，以及行政区域的管理方案，是理解人类活动强度和空间格局的基础。

一、行政区与行政管理

公元 1720 年，清政府平定了西藏的准噶尔叛乱，并从公元 1727 年起在拉萨设立驻藏大臣，开始对西藏进行全面管理。1724 年，清政府在青海设立办事大臣（由于办事大臣在乾隆以后常驻西宁，也称西宁办事大臣），负责管理青海的蒙古各旗和藏族部落。至此，整个青藏高原都纳入了清政府的直接统治之下。

清代青藏高原的行政区划（以清代疆域鼎盛时期的 1820 年为准，下同）与现代大体一致，但当时西宁府归入甘肃省，四川与西藏的边界与现代也有一些细微差别。清代时青藏高原涉及的行政单位包括 6 省 31 府（谭其骧，1982），有5省12府全境或绝大部分位于青藏高原内部（图3-1，表3-1）。

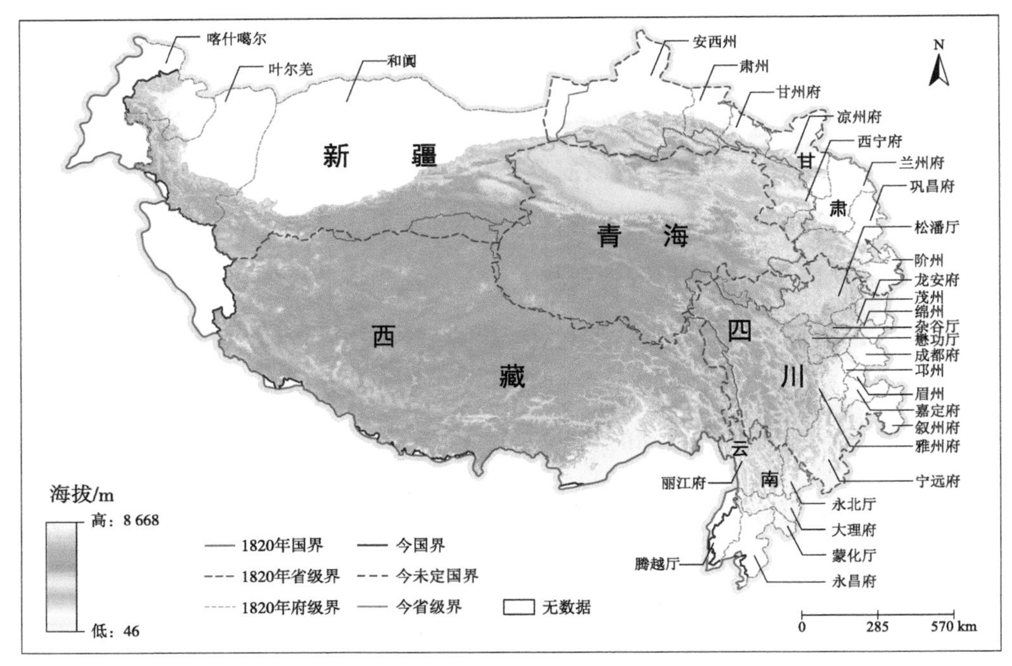

图3-1　清代青藏高原区划范围图

（数据来源：中国历史地理信息系统（CHGIS），复旦大学历史地理研究中心，2003年6月）

表3-1　清代青藏高原行政区划概况（统计自谭其骧，1982）

省区	行政概况	省区	行政概况
西藏	未进一步划分府/厅级行政区，1727年驻藏大臣统一管理	甘肃	共8府位于高原范围内：安西州、肃州、甘州府、凉州府、西宁府、兰州府、巩昌府、阶州，其中仅西宁府全境位于高原范围内
青海	未进一步划分府/厅级行政区，1728年设青海办事大臣	四川	共13府位于高原范围内，其中雅州府、松潘厅、懋功厅、茂州、宁远府全境（今甘孜、阿坝、凉山一带）位于高原内
新疆	共3府位于高原范围内：和阗、喀什噶尔、叶尔羌	云南	共5府位于高原范围内：丽江府、大理府、永昌府、蒙化厅、永北厅（今迪庆、怒江、丽江、大理一带），除永昌府，其他均全境位于高原范围内

民国前期，青藏高原的行政区划基本沿袭清代的行政区划。对甘肃、青海两省的藏族地区，民国政府曾于1912年设青海办事长官。1913年，设青海蒙番宣使。1929年，青海建省，管辖原西宁办事大臣的辖区及甘肃省的西宁府，省

会设在西宁（郑宝垣，2000；卓玛措，2010）。在西藏和四川交界，南京政府曾于1928年9月通过西康建省议案；至1935年7月，设西康建省委员会于雅安；1939年元旦，西康省政府正式成立，省会康定，辖宁（西昌）、雅（雅安）二属以及康区（康定、甘孜、德格、巴塘、理塘等地）（郑宝垣，2000；古格·其美多吉，2013；张宏，2016）。川西北的阿坝地区仍属四川省（图3-2）。

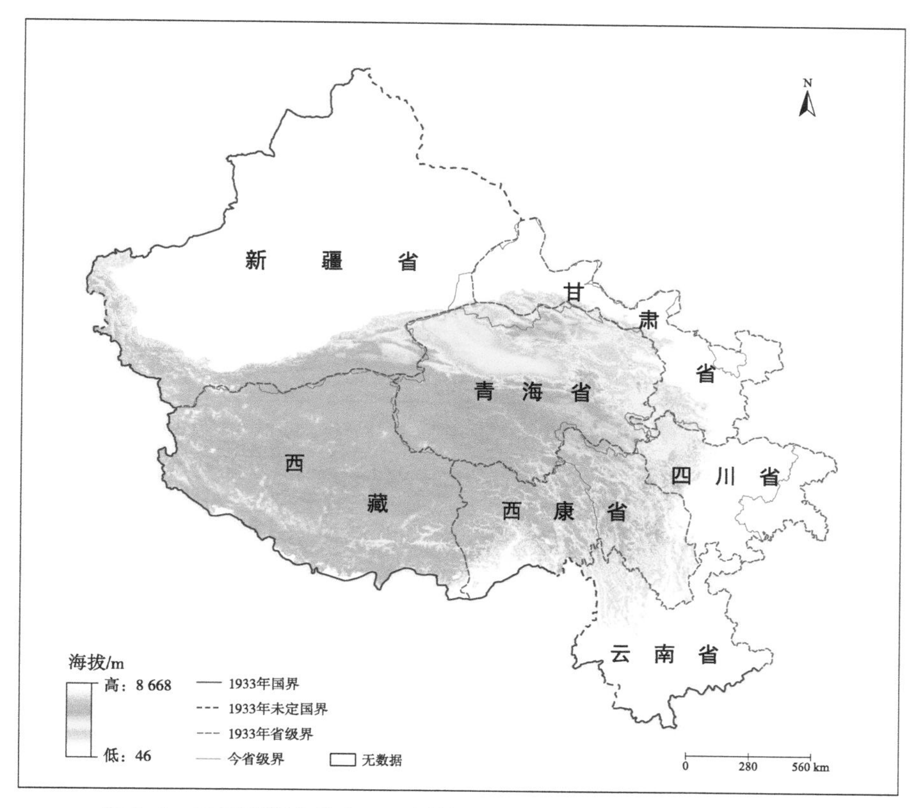

图3-2 民国时期青藏高原区划范围图（据丁文江等，1933数字化）

二、人口数量与分布变化

据曹树基（2001）在《中国人口史》当中的估算，从18世纪中后期到20世纪中期，青藏高原的人口数量从约500万人增加至近900万人。作为青藏高原主体部分的青海、西藏、甘肃（西宁府），人口数量较少（图3-3）。青海基本保持在40万人以下。西藏的人口变化记录甚少，且已有的估算对于民国时期人口增加或者减少存在一定的分歧，但均认为人口变化范围大致为

130 万～160 万人，整体增长率相对缓慢（章有义，1991；赵文林 等，1988）；西宁府人口增长率相对较高，人口从约 64 万人增至约 125 万人，翻了 1 倍。与之相比，位于青藏高原东部和东南部的四川西部 5 府（雅州、宁远、茂州、松潘、懋功）人口数量从 150 万人增加至 360 万人，云南东北部 4 府（大理、蒙化、丽江、永北）人口数量自 140 万人增加至约 225 万人。在清朝中前期，社会秩序相对安定，中央政府制定了新的赋税政策，加之高产作物的引进以及生产管理技术的进步，这些因素共同促成了清代人口数量的快速增长。据曹树基（2005）在《中国人口史》中的推算，康熙十八年（1679 年），全国人口达到 16 000 万人，乾隆四十一年（1776 年）全国人口激增至 31 150 万人，宣统二年（1910 年）更是达到 43 600 万人。可以估算，18 世纪中后期至 20 世纪青藏地区的人口数量占全国人口总量的比重从 1.7% 变化至 1.6%，所占比例很小，占比稳定。

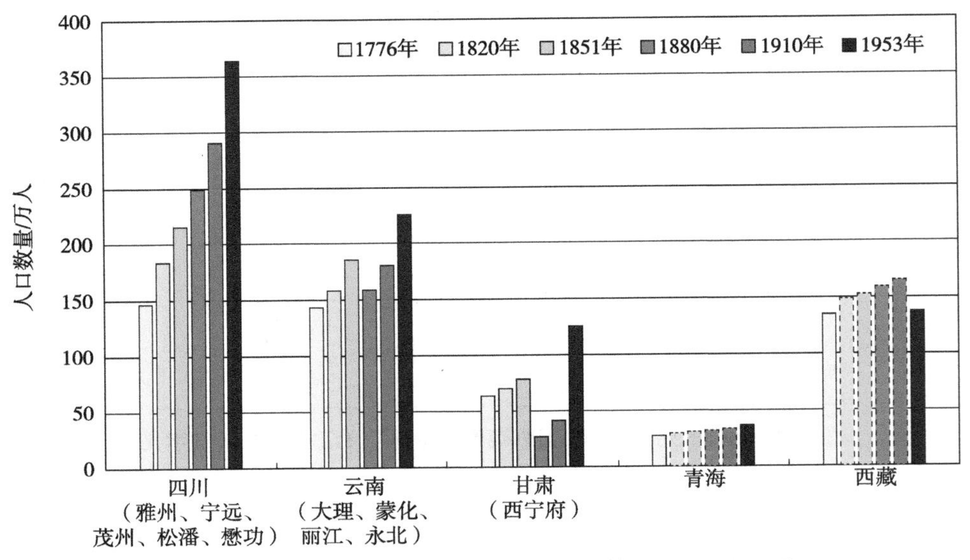

图 3-3　清代至新中国成立初期青藏地区五省人口数量变化

（数据来源：曹树基，2001；赵文林 等，1988）
注：虚线边框的人口数量为推测数据。

从人口增长率来看，青藏高原人口数量虽然有所增加，但增加的幅度与全国尤其是东部地区存在较大差距，且区域内部也存在差异（图 3-4）。

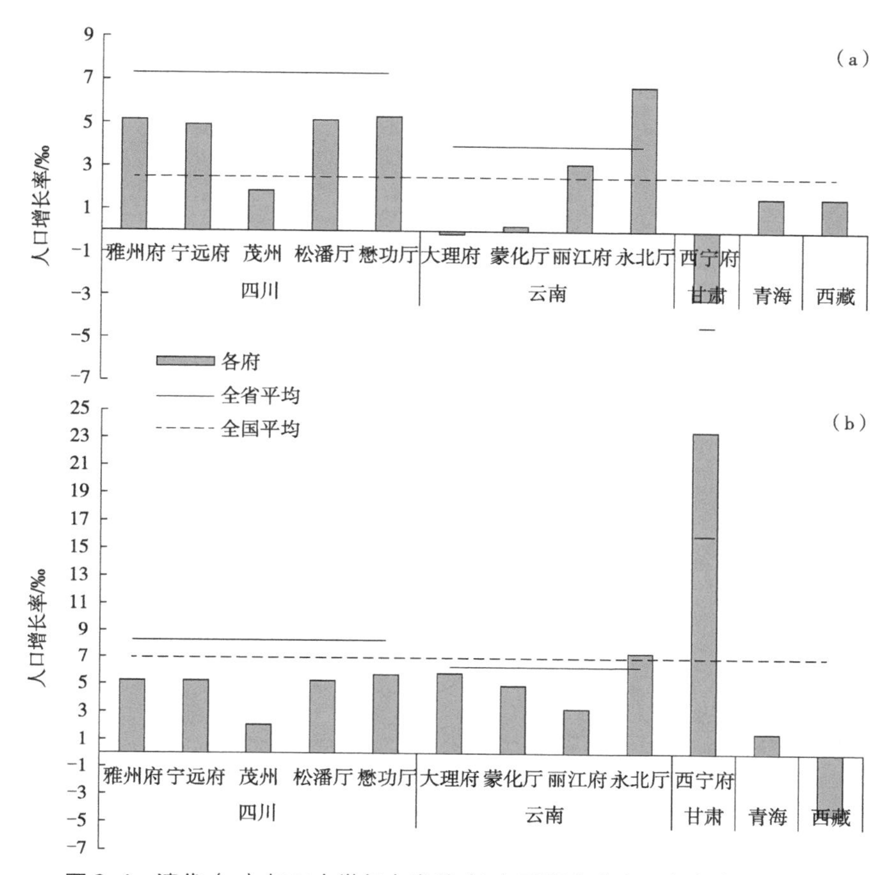

图 3-4　清代（a）与二十世纪上半叶（b）时期青藏高原各府人口增长率

（数据来源：曹树基，2001）

注：清代人口增长率由1776年和1910年值计算；民国数据缺失，增长率由1910年和1953年值计算

（1）青海省的人口数量记载较少，青海的主要人群为少数民族牧民，推测清代至民国的人口年平均增长率约为1.5‰。

（2）西藏的人口数量统计则更为困难，直到1964年进行人口普查时才对西藏的人口有较为全面的统计；曹树基（2001）在《中国人口史》中估计从清代到民国西藏的人口年增长率约1.0‰，赵文林等（1988）则认为民国时期西藏的总人口呈下降趋势。

（3）西宁府的人口波动大致分为3个阶段：乾隆初年（18世纪30年代）人口缓慢增长期。乾隆至咸丰年间（18世纪50年代—19世纪50年代）人口剧增。同治至宣统年间（19世纪60年代—20世纪10年代）人口急剧下降。

（4）位于青藏高原东部和东南部的川西5府、滇西北4府有相对稳定的人口增长率，约 5.0‰，相对于高原内部来说人口增长率处于较高的水平。但是，从乾隆四十一年（1776 年）至民国，川西、滇东北的人口占四川、云南本省总人口数的比重不断下降，即人口增长率相较本省平均而言较低。

从人口分布来看，青藏高原人口密度整体呈现由高原边缘向高原内部减小的分布格局（图 3-5）。东部和东南部的川西、滇东北地区人口密度较高，达 50 人 /km²，部分地区甚至可达到每平方千米数百人，但相对于四川、云南全省平均而言仍属于人口较少的地区。青海、西藏作为青藏高原的主体，长期以来人口密度都较低。以 1910 年为例，西藏人口密度只有 1.3 人 /km²，青海人口密度仅 0.6 人 /km²，而当时人口密度排名全国第一的江苏省为 314.4 人 /km²，分别是西藏和青海的 238 倍和 561 倍（曹树基，2001）。同为内陆边疆的内蒙古和新疆两省区的人口密度也均高于西藏和青海。时至今日，受生存条件限制可可西里、羌塘高原等地区仍是人迹罕至的区域。

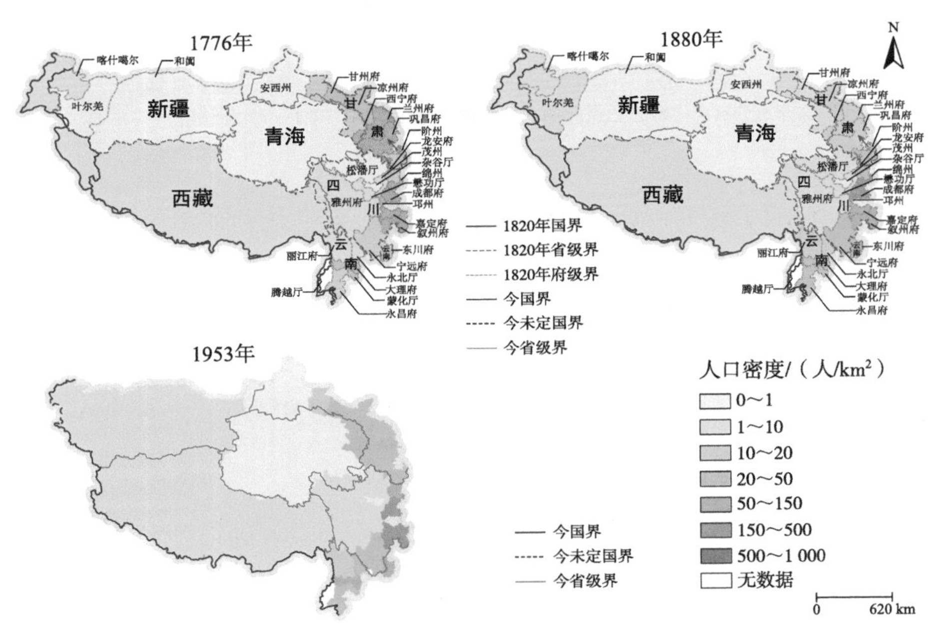

图 3-5　清代至新中国成立初期青藏高原各行政区的人口密度及变化

（数据来源：曹树基，2001；赵文林 等，1988）

三、聚落分布与主要城市

受高原地形地貌和高寒干燥气候影响，青藏高原聚落与人口的分布特征相一致。以西藏为例，西藏内部可以分为藏北高原、藏南谷地、藏东高山峡谷和喜马拉雅山区4个大的地形区。藏北高原和喜马拉雅山地区海拔较高，自然条件较为恶劣，不利于人类生存，故人口和聚落较少，清代民国时期仅有部分规模较小的城镇；藏南谷地自然条件相对较好，是人口聚集之地，西藏的城市多集中分布在这一区域；藏东高山峡谷是西藏对内地交通的通道，人口也相对较多，大小聚落多沿河谷分布。从城市分布看，西藏地区的城市布局呈现明显的沿河流、湖泊分布的特征。沿雅鲁藏布江河谷、澜沧江河谷及大渡河沿岸低地，尤其是在河流交汇处的谷地，分布着较多的城市；西藏最重要的城市主要集中在藏东南的一江两河（雅鲁藏布江及其支流拉萨河、年楚河）地区。青海人口、聚落主要集中于河湟（黄河及其支流湟水河）谷地（图3-6）。

青藏高原上的城市规模较小、数量较少。清代和民国时期的300余年间，青藏高原上城市的数量有所增加，但总体变化不大。嘉庆二十五年（1820年），青藏高原上共有县级行政单位149个（图3-6），包括县27个、厅13个、州27个，主要分布在高原东和东南缘的川滇地区以及高原东北部的河湟谷地，除此之外，还包括99个宗（谭其骧，1982）。宗指的是清代藏族聚落，虽然一般被视为等同于县级的行政单位，但除了拉萨、日喀则、昌都等可称得上为城外，其余的规模与中原地区的县城相差甚远，一般相当于村落，以驿站、庄园、寺院等形式存在（顾锡静，2021）。宗在西藏主要分布于一江两河地区。

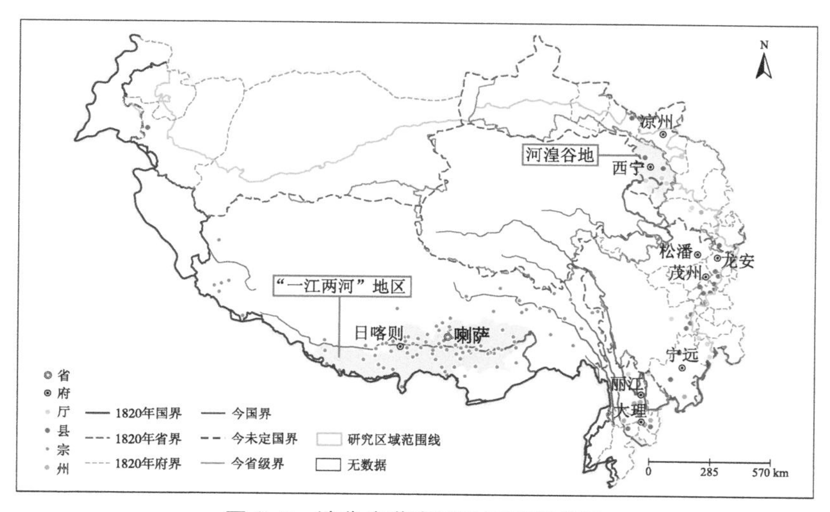

图3-6　清代青藏高原地区聚落格局

（数据来源：中国历史地理信息系统（CHGIS），复旦大学历史地理研究中心，2003年6月）。

另外，清代西藏有明确记载的城共计有63个，其中前藏30个，后藏17个，喀木11个，阿里5个（表3-2）。民国前期，基本维持这一数字。据民国初年刘赞廷的《三十年游藏记》记载，当时西藏城的数量与前清相比较，几乎没有多少改变。"全藏共辖六十八城，即六十八县也。达赖所属喀木九城，前藏三十城，属于班禅者在后藏十七城，阿里以西及噶大克十二城遂属藏受乃为世袭，不能随时更换，其所谓城者，建碉设官以理民事，名曰营官"（何一民，2014）。

表3-2　清代西藏的城

部	具体城的名称	数量
康（喀木）	察木多城、罗隆宗城、薄宗城、桑阿充宗城、匝坐里冈城、苏尔莽城、解冻城、舒版多城、达尔宗城、索克宗城、滚卓克宗城	11个
卫（前藏）	拉萨、得秦城、奈布东城、桑里城、垂佳普朗城、野而古城、达克匝城、则库城、满撮拿城、拉巴隋城、扎木达城、达喇马宗城、古鲁纳木吉牙城、硕噶城、朱木宗城、东顺城、则布拉冈城、纳城、吉尼城、日噶牛城、楚舒尔城、日喀尔公喀尔城、岳吉牙来杂城、多宗城、僧格宗城、董郭尔城、第巴达克匝城、伦朱布宗城、墨鲁恭噶城、莲多城	30个
藏（后藏）	日喀则城、林奔城、纳噶拉则城、拜的城、拜纳木城、季阳则城、乌雨克灵喀城、丁吉牙城、罗西噶尔城、帕尔宗城、盆苏克灵城、济隆城、阿里宗城、尼牙拉木宗城、尚纳木林城、章拉则城、章阿布林城	17个
阿里	布拉木达克喇城、又古格扎什鲁木布则城、拉达克城、毕底城、鲁多克城	5个

西宁、拉萨、日喀则、昌都等是青藏高原上的主要城市。西宁位于青藏高原东北部，地处湟水谷地内最大的河谷盆地——西宁盆地，湟水的3条支流北川、西川、南川在此交汇。地势比较开阔，且有险可依。往北可达河西走廊，往西可节制西海草原，往南可通黄河谷地，往东则可联系兰州、关中，有"西海锁钥""青藏咽喉"之称。公元前121年，西汉霍去病攻打匈奴，收复河西走廊，在今西宁城址修筑西平亭并设兵驻防。公元213年，东汉为加强对湟水流域的控制，从金城郡西至西平郡，治所设在今西宁市。公元222年，筑西平郡城。此后，西宁市一度成为地方政权的首府。唐朝以后，历朝均对西宁市实施了有效管辖，其城市发展历史相对悠久。

在西藏，由于达赖喇嘛和班禅分别管理前藏、后藏，因而在西藏形成了两个统治中心，拉萨作为主要的统治中心得到优先发展，成为西藏最大的城市。

拉萨地处拉萨河畔，交通便利、水源充足、气候温和、土壤肥沃，自然资源十分丰富，为农业和畜牧业发展提供了良好的条件。这里是西藏历史上开发较早的地区，早在部落时期农牧业已经较为发达。公元7世纪初，松赞干布统一西藏，建立了西藏历史上第一个国家政权——吐蕃王朝。公元633年，吐蕃王朝将统治中心由偏南部的琼结迁到位于吐蕃心脏地带的拉萨河谷，拉萨成为吐蕃的政治、经济和文化中心。

日喀则凭借着它优越的地理位置，以及历代班禅驻地的地位，一直作为后藏的统治中心，紧随拉萨之后发展，成为西藏的第二大城市。日喀则位于年楚河和雅鲁藏布江的交汇处，处于雅鲁藏布江河谷平原的中心位置，“背山面江，最具形胜”，故而成为后藏及阿里地区的经济中心，即区域次中心。日喀则在西藏地区具有四通八达的交通枢纽优势，东通拉萨，进而可以连通内地，向西沿雅鲁藏布江谷地溯源而上直通阿里，向南沟通聂拉木、亚东，进而沟通巴勒布以及印度。

昌都，是西藏兴起较晚的城市，但发展甚快，地位重要。昌都位于西藏东部，地处横断山脉和金沙江、澜沧江、怒江流域，处于川藏交通线上的枢纽地位，素有“藏东门户”之称。清朝不断加强对西藏的管理，而昌都作为从四川进入西藏的重要门户，受到清朝中央政府的高度关注。雍正八年（1730年），清政府下令在两河交汇的台地上修建一座土城，并在此驻扎官兵，由此在原有城镇聚落基础上进一步叠加了政治、军事功能，使昌都的功能进一步完善。

清代至民国，青藏的主要城市得到发展，面积扩大，人口增加，类型多样化，功能趋于完善。主要城市的经济辐射力和聚集力东至康藏打箭炉（今康定）、云南大理府，南抵不丹、尼泊尔，西达罗多克、礼市、阿鲁木拉、克什米尔，北至甘肃西宁府。

从城市规模看，根据《西藏志》对拉萨规模记录“东西约七八里，南北三四里”（陈观浔，1986）来估算，城的周长可达11 000 m。清代省城的平均周长是10 973.2 m，面积达6.56 km^2（成一农，2007），拉萨城市规模与内地省会的平均周长10 900 m大体相等，与其西藏政教中心的地位相符合，与其他省份省会城市的差别不大，拉萨城市在西藏的绝对中心地位凸显。但是，除拉萨、日喀则、江孜和昌都的城市建设规模较大以外，其他城市的规模都不大。

第二节 农牧业生产与经济发展

农牧业生产活动，是满足人类生存发展需求，包括对粮食等需求的最基本活动，也是历史时期青藏高原地区最主要的人类活动。

历史时期，青藏高原的主体经济模式以游牧业为主，兼有河谷农业。游牧活动的范围大概发生在海拔≥3 600 m 的区域内，海拔 2 600～3 600 m 则是以牧为主、兼有农业的农牧业混合交错地带，海拔≤2 600 m 的区域是以农业种植为主、兼营牧业的区域。

一、耕地开垦与农业生产

青藏高原地势高寒、热量不足，具有太阳辐射强、作物生长周期长的特点。因此，垦殖面积小，耕地数量有限。农业耕作区仅分布在自然环境条件相对较好的河谷地区，以青海高原东北部的河湟谷地、藏南的“一江两河”谷地和藏东“三江”（金沙江、澜沧江和怒江）谷地最为典型。因此，热量条件和水分条件较好的河流谷地和海拔较低的湖泊边缘，地势相对平坦、开阔，也是青藏高原农业人口密度及人类活动强度相对较大的地区。清时期，随着清政府逐渐实现对青藏高原的统一管辖，鼓励开垦之风盛行，青藏高原地区耕地面积逐步增加，尤其在雍正、乾隆时期（18 世纪 20 年代—18 世纪 90 年代），耕地面积达到高峰。

明末及清代青海境内与赋役有关的土地分为屯、科、秋、站、垦、番 6 类。屯田指明代以来曾是国家所有，开展过军屯的土地，后转化为私田，仍沿旧称，其负担的钱赋与其他土地有一定区别；科田又称民田，是祖上留传下来的私田，凡被官府登记并据以征收钱粮者才叫科田；秋田指原只能种秋禾的瘠薄之地；站田指曾为驿站之地；垦地即新近开垦上报之地；番地是雍正三年（1725 年）以后开始清查入册的原属少数民族人民耕种的土地。番民耕种之地明代及明以前即已存在，但清雍正以后才有了记载。这几种耕地中，以屯、科、番田占的比重最大。对屯、科、秋、站、垦地的统计自明代已有，而番地的统计则自雍正年间才开始，且并未统计面积，而是统计段数与下籽量。

清代西宁府耕地的统计情形可见于《西宁府新志》及《循化志》等史书。前人对于该区耕地面积的估算也采用了多种方法，考虑了不同的情形。崔永红（1998）在《青海经济史·古代卷》中对清代西宁府的耕地面积进行了比较系统的统计和推算，其中屯、科、秋、站、垦地的面积涉及 7 个时间断面。对番地的面积统计以下籽数进行转换，采用水地每下籽 1 仓斗为1亩，旱地每下籽 8 仓升为1亩的换算办法进行推算。根据上述数据整理得到清代屯、科、秋、站、报垦地（以下合称屯田）和番地的面积变化（图 3-7）。已有研究结果，估算了河湟谷地 1726 年的耕地面积为 14.27 万 hm^2（罗静等，2014），即 214.1 万亩[①]，与图 3-7 的估算相对一致。

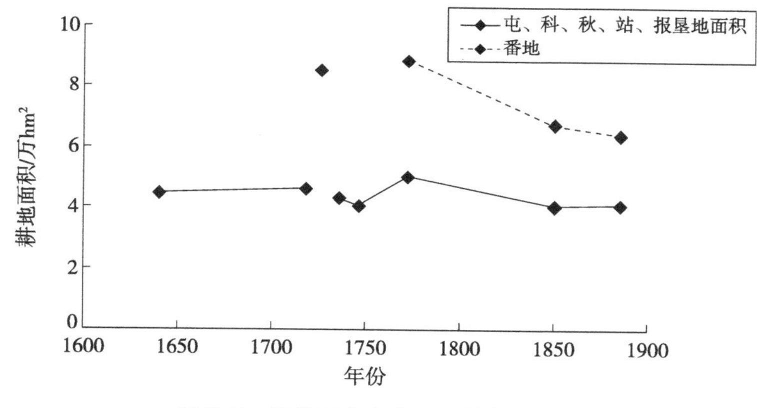

图 3-7　清代西宁府有记录的耕地面积

（数据来源：崔永红，1998）

可以看出屯田面积在乾隆中期（18 世纪 60 年代—18 世纪 70 年代）达到高峰，之后逐步下降，番地的变化则更为明显，自乾隆时期至清朝末期大幅下降。清代西宁府的农业垦殖依托当地相对优越的自然环境，加之人口增长为农业发展提供了充足的劳动力，清政府采取赋税优惠、提供生产资料等措施鼓励农业发展，清代西宁府的农业垦殖规模达到历代最高峰。清代西宁府农业垦殖经历了顺治至雍正年间的恢复、乾隆至道光年间的繁荣、咸丰至宣统年间的衰落 3 个阶段。

从耕地分布状况分析，河湟谷地虽然面积较大，但由于受自然环境条件的

① 1 亩≈666.67 m^2。

限制，可耕之地较少，全区仅有 47% 的区域有耕地分布。耕地主要集中分布在湟水河干流区及大通河中游地区和龙羊峡以下的黄河谷地，并且北部由湟水河干流区和大通河支流区组成的湟水谷地耕地分布较为密集，南部的黄河谷地其耕地分布较为稀疏（图 3-8）。

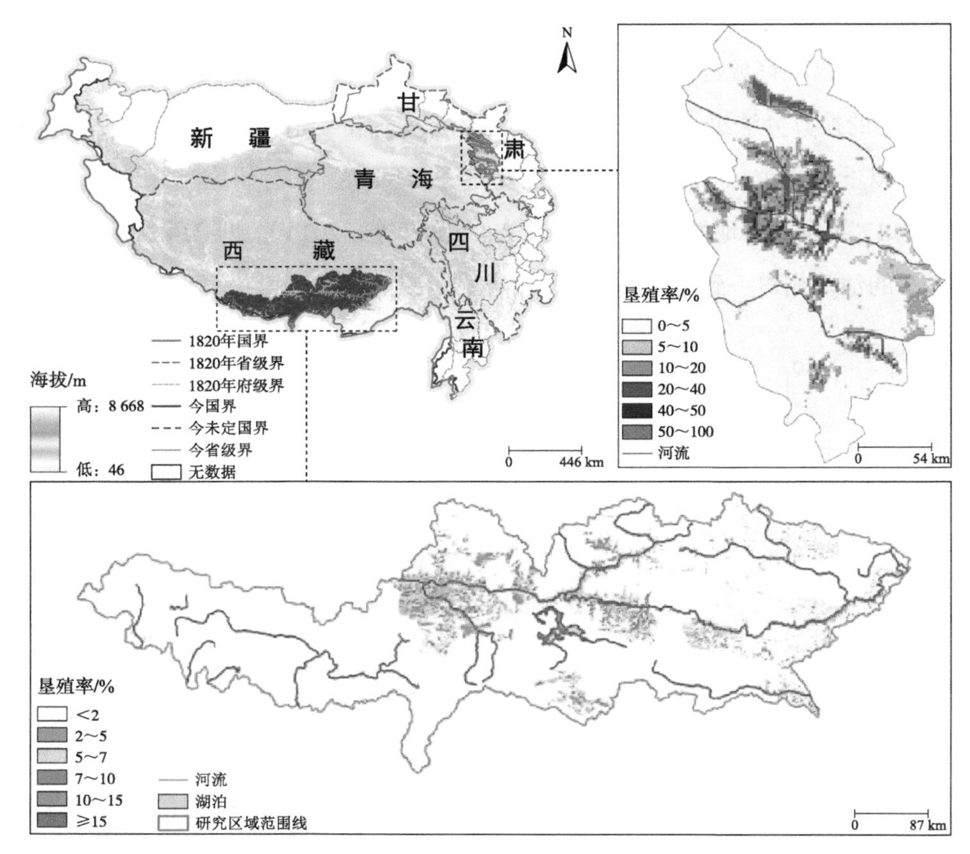

图 3-8　清代青藏高原河湟地区（1726 年）与“一江两河”地区（1820 年）的耕地分布（罗静 等，2014；王宇坤 等，2015）

西藏的耕地记载较人口记录更少，由于西藏独有的封建制社会形态，农民不具有开垦土地的权利，土地只掌握在少部分人手中，地方政府和庄园领主把握着土地所有权，使得当时对土地的记录较为困难。当前用于进行土地利用重建的资料仅有 1830 年清政府在西藏地方进行大规模清查户口、土地和差税而编成的《铁虎清册》，其他年份的耕地情形则无从考证。根据《铁虎清册》的记录重建了西藏 1830 年的耕地面积约为 89 500 hm²，即 134.3 万亩（王宇坤 等，2015）。从耕地分布格局看（图 3-8），全区耕地分布较少，只有 27.4% 的区域具有耕地分布，且呈分散分布状态，耕地主要分布在藏南、藏东的江河干流及主要支流宽阔的河谷地区，整体垦殖率也明显较低，平均为0.6%，远低于西宁地区。垦殖率大于15%的区域仅分布在拉萨、日喀则等城市周边，最大垦殖率在25%左右。分布在“一江两河”流域的耕地超过全西藏耕地总面积的一半，分布在藏东“三江”流域内的耕地约占西藏耕地总面积的1/4，藏南高原、喜马拉雅山南坡、阿里、察隅等地零星分布有耕地。根据重建结果，清朝（1737年）昌都三江流域的耕地面积为17 866 hm^2；（1830年）“一江两河”地区的耕地面积为55 621 hm^2。

从耕地所有权来看，耕地被地方政府、寺院和贵族占有。政府占有耕地39%，贵族占有耕地31%，寺庙占有耕地29%。政府和贵族占有的耕地分散分布于各个地区，寺院占有的耕地则主要集中分布在拉萨和日喀则及其周边地区，说明宗教在当时具有十分重要的地位。

二、畜牧业发展

牲畜是生活在草原上的游牧民族赖以生存的生产、生活资料，世代生活在青藏高原的藏族也不例外。他们以放牧牦牛、羊等牲畜为主，逐水草而居。游牧民族的衣、食、住、行、用无一不取自牲畜。由畜牧业提供的各类肉制品及奶制品成为藏族人民主要的食物来源，抗御寒冷、保健营养；牛羊绒、毛及各种兽皮是藏族人民制作藏袍、藏鞋、藏帽的绝好材料，结实耐用、保暖性强；享有吃苦耐寒美誉的“高原之舟”牦牛以及马等牲畜是藏族人民外出的重要交通工具；畜牧业还可以提供其他产品，比如以牛羊毛制成的帐篷、卡垫等，甚至牲畜的粪便也是草原上的最佳燃料。总之，牲畜在高原人民的生产生活中，特别是以畜牧业为主的游牧民族中起着举足轻重的作用。

这一时期藏族地区存在着一种半农半牧双重形态的产业方式。一些农业村庄的附近也有牧场，家畜春季、夏季被赶到山上放牧，冬季牵回棚圈中饲养。藏区畜牧业除牦牛、羊、马外，还产骡、驴、黄牛、长毛牛（犏牛）、猪（体小，食野草，体重不过40～50斤[①]）、鸡等。为此，一个部族常分成两部分：一

① 1斤=0.5 kg。

部分人垦殖山谷庄稼，另一部分人则在高山牧场放牧。这两部分属于一个村社或一个家族集团，他们经常密切接触，原因是他们为了生存，需要互相交换产品。除了内部交换，也需要与外界、与中原内地商贾、与周边各族人民进行商品交换（曾国庆，2012）。据史载，清前期牛、马、氆氇等牲畜及畜产品是西藏地区向尼泊尔、不丹等国和祖国内地输出的大宗商品之一。

由于生产力水平不高，较少改良牲畜品种，缺乏科学合理的牧养，畜牧业对自然的依赖性非常强。牲畜数量随气候条件变化、牧草增减而波动，还可能因暴风雪、干旱等自然灾害的袭击或瘟疫导致大量牲畜死亡。据估算清朝末年整个青海牧区的牲畜总数为 753 万余头（只）。各部落的牲畜中，马、牛、羊所占的比例分别约为 5%、8%、87%。

第三节 交通线路建设与商贸活动

交通基础设施建设，是区际联系的重要基础和保障，也是主要的人类活动之一。而商贸活动，作为区际联系最为活跃的活动，是人类活动的重要组成部分。

一、交通线路建设

清朝建立后，清政府出于强化对藏区管理的需要，通过驿道和设立台 / 汛（驿站）的方式加强了西藏通往内地的道路建设，完善了青藏高原的陆路交通网络。这些交通线路在民国时期得到承袭，也成为现今青藏高原主要道路的雏形，其中又以入藏道路为主。

清代主要入藏线路（表 3-3）大致与现在一致，一条是自北京出居庸关，经陕西至四川，再由川康道入藏的川藏驿道；另一条是由北京经河北、陕西、甘肃、青海入藏的青藏驿道；第三条是自北京，绕道云南中甸（今香格里拉）入藏的滇藏驿道（西藏自治区交通厅，2001）。其中，川藏驿道和滇藏驿道分别为主要商贸路线茶马古道的南北两道，而川藏驿道以打箭炉（今康定）起又分为南北两道。

表 3-3　清代主要进藏驿道（数据来源：西藏自治区交通厅，2001）

线路名称	起点	中转	终点	里程 / 里[①]	驿站点数
康藏	成都	康定	拉萨	4 980	97
青藏	西宁	那曲	拉萨	4 120	68
滇藏	迪庆	—	洛隆	3 080	48

除青藏、滇藏、康藏 3 条主要的入藏通道外，高原内部也有一些主要的交通线路（图 3-9），如拉萨到日喀则，这是连接前藏和卫藏的两大宗教中心的道路；拉萨至那曲及三十九族地区的线路；拉萨至亚东口岸以及至山南的多条道路；自日喀则向西至阿里地区的道路向北与新疆地区连通。

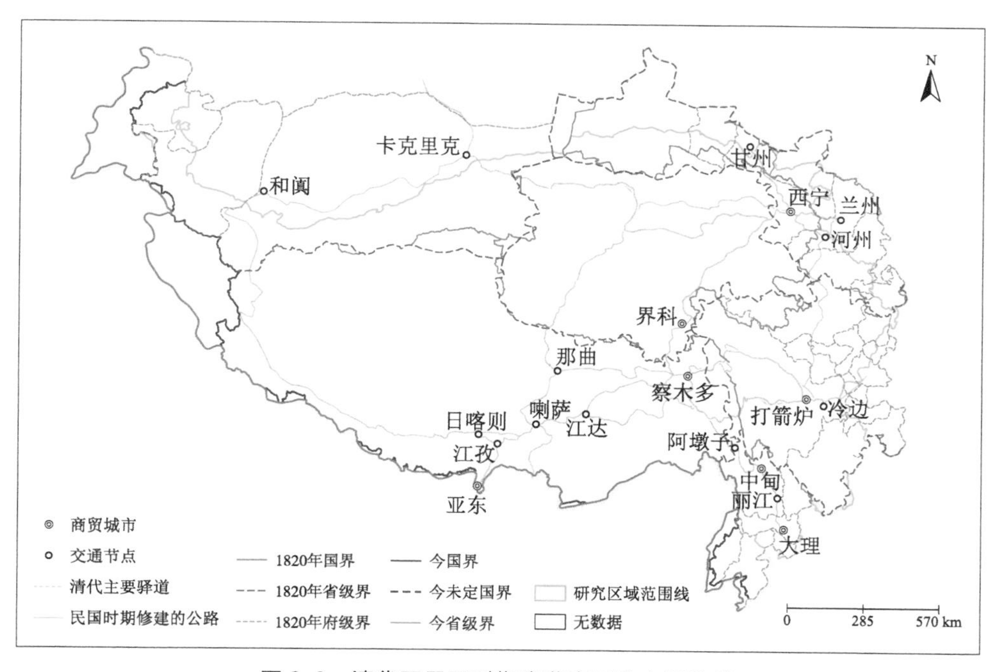

图 3-9　清代至民国时期青藏高原的交通路线

（数据来源：西藏自治区交通厅，2001；底图来源：中国历史地理信息系统（CHGIS），复旦大学历史地理研究中心，2003 年 6 月）

由此可见，清代青藏高原地区的内部交通系统较为简单，且受制于自然条

① 1 里 =0.5 km。

件，驿道路途遥远且艰险，尤其以川藏线更甚。明代从青藏高原东北部的民和—乐都—平安—西宁一线有7个驿站，西藏境内主要以拉萨为中心有7个驿站，以日喀则为中心有4个大型的驿站，到清末民和—西宁—湟源、西宁—大通有固定的驿站18个。由于沿线城镇不多，城市规模比较小，主要功能在于加强对交通沿线重要城市的管制，以及促进商业贸易和文化交流。

清末民初，交通现代化的思想也影响至青藏地区，一些有识之士分别提出了修建公路的构想，但是受限于自然条件、技术以及当时战乱的社会背景，只有康藏和青海的部分地区修建了公路。

二、商业贸易活动

交通的发展促进了商业贸易的流通，也带动了一批贸易城镇的兴起。清代藏区的商业贸易在一些地方已有相当的规模，这与商品经济的活跃是分不开的。清代驿道的发展与商品贸易流通相辅相成，高原地区与内地的商业贸易也出现了空前的繁荣局面，形成了四川省的打箭炉（今康定）、云南省的大理府、甘肃省的西宁府等商业贸易的主要地点（图3-10）。

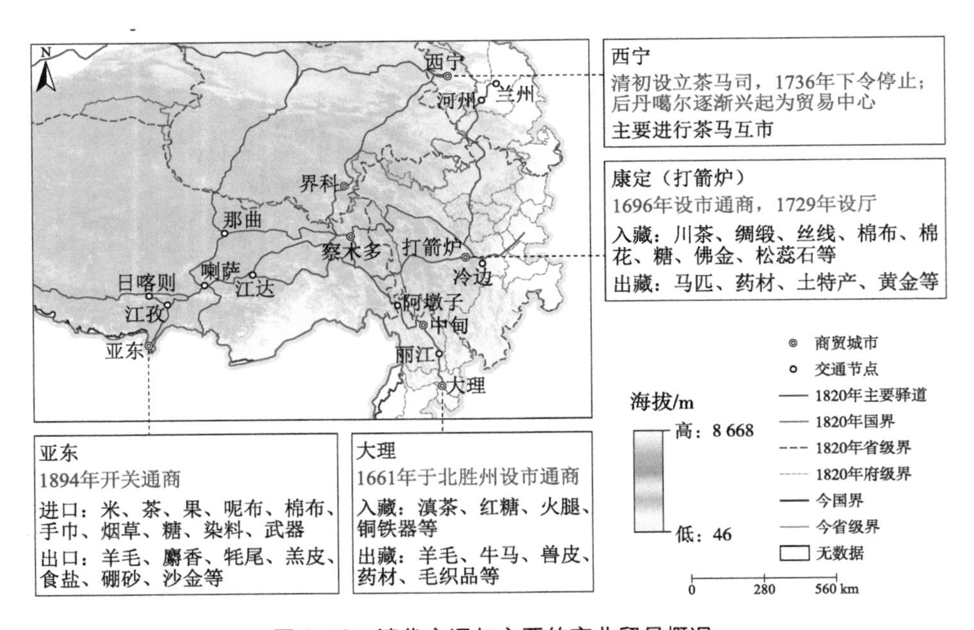

图3-10 清代交通与主要的商业贸易概况

康熙四十年（1710年），清政府在打箭炉设立“茶关”后，川藏茶叶贸易大增，来往商旅也逐年增多，北路贸易日益繁荣起来，因而被称之为“川藏商道”，川藏通道带来了沿途城镇、村落、寺庙、商号的兴起。四川经由康定输往西藏的货物主要有砖茶、棉布、烟叶等，西藏输入四川的物品主要有鹿茸、麝香、黄百金、羊皮等（刘秀生，1989）。

滇藏之交的中甸（今香格里拉）于康熙二十七年（1688年）应达赖喇嘛的请求开始设渡通商贸易。其后招徕大批内地商贾，双边马帮往返于拉萨至中甸沿线，络绎不绝。西藏输往云南的商品主要有毛织品、藏红花、贝母、鹿茸、虫草等，西藏从云南贩进的货物以砖茶、糖等为主（周智生，2007）。

青海一带的安多藏区与中原的贸易有朝贡、官市、民市等多种形式，其中，“官市”是由清政府控制，指定地点，由官员专门负责组织、监管的一种贸易形式。在这个市场上，安多藏胞以自己的良种马匹换回砖茶等，这便是延续了近千年的西北茶马贸易，为此，清早期在西宁等地设立了茶马司等专门机构负责管理（刘景华，1995）。

这一时期藏区与内地的商业贸易，不仅促进了藏汉地区社会经济的发展，加强了各民族间的联系，而且进一步拓展改善了川藏交通情况。川康藏贸易、行军用兵、行人往来，都通过商道，如四川茶道开辟后，驻藏大臣往返西藏都以四川为正驿，茶道经西藏境内延伸，南路边茶中的砖茶等精品由藏商转输到不丹、尼泊尔、克什米尔等地，成为我国重要的外贸物资。同时，也促进了高原市镇的兴起，四川的松潘、打箭炉、泸定，云南的德钦、中甸、阿墩子（位于德钦县），青海的丹噶尔（今湟源县）等地都是因商贸而陆续兴起的市镇。打箭炉成为川藏商路的重要商品集散地，松潘成为边茶运往川西北、甘南、青海及蒙古各地的集散地。据载，泸定铁索桥的修建也和边茶贸易有直接关系。

清代至民国，青藏高原与内地或国外的贸易以高原向其他地区输送畜产品、其他地区向高原输送各种作物产品为基本模式。以打箭炉为例，1913年，西藏地区经由此地输至内地的商品主要是土特产品，诸如虫草、贝母、麝香、藏红花、熊胆等药材，狐皮、豹皮、水獭皮、牛羊皮等毛皮，氆氇、藏香、藏经、藏枣、藏桃、羊毛、鹿茸、沙金、酥油、马、牛、羊等特产。其中又以麝香、沙金、药材、羊毛、皮革、毡毯等为主要产品（表 3-4）。可以看出，药材、皮毛为主的畜牧产品占据了主要的交易量（何一民，2014）。

表 3-4　1913 年打箭炉关西藏与内地的贸易交易额（何一民，2014）

品名	金额 / 磅	占比 /%
麝香	75 000	54.1
金	30 000	21.6
药材	15 000	10.8
羊毛	10 000	7.2
皮革	5 625	4.1
毡毯	3 125	2.2
合计	138 750	100.0

清代青藏高原除与内地进行商业贸易外，也和其邻近国家地区如尼泊尔、不丹、印度以及克什米尔等有着比较密切的商业贸易往来。印度于 1757 年成为英国殖民地，鸦片战争后，英国通过一系列不平等条约，使得亚东、江孜等先后被辟为商埠，亚东关成为晚清西藏地区最重要的边贸城镇。亚东位于藏南境内突出之一角，介于不丹、锡金之间，处西藏南端之门户，通印之咽喉。1890—1896 年，亚东的出口贸易额从约 20 万卢比持续增长至约 80 万卢比（图 3-11）；1907 年亚东的进出口总额更是达到 285 万卢比的峰值。外国资本一方面向西藏倾销廉价工业品，另一方面对西藏的原材料进行掠夺。例如，1896 年，亚东出口仅羊毛一项，就占亚东当年出口总值的 83.5%，加上麝香（6.6%）和牦牛尾（4%），经亚东出口的商品总值中，畜牧产品约占 95%；而进口商品中，廉价的棉、毛、丝织品占据了绝大部分（图 3-11）。

边贸城市的开埠虽然具有被迫、不平等的性质，但客观上促成了这些城市及其腹地与国际市场的接轨，带动了腹地农、牧、工、商业产业结构的变迁，促进了腹地经济市场化与外向化的发展，在一定程度上改变了农牧民的职业结构和收入状况。

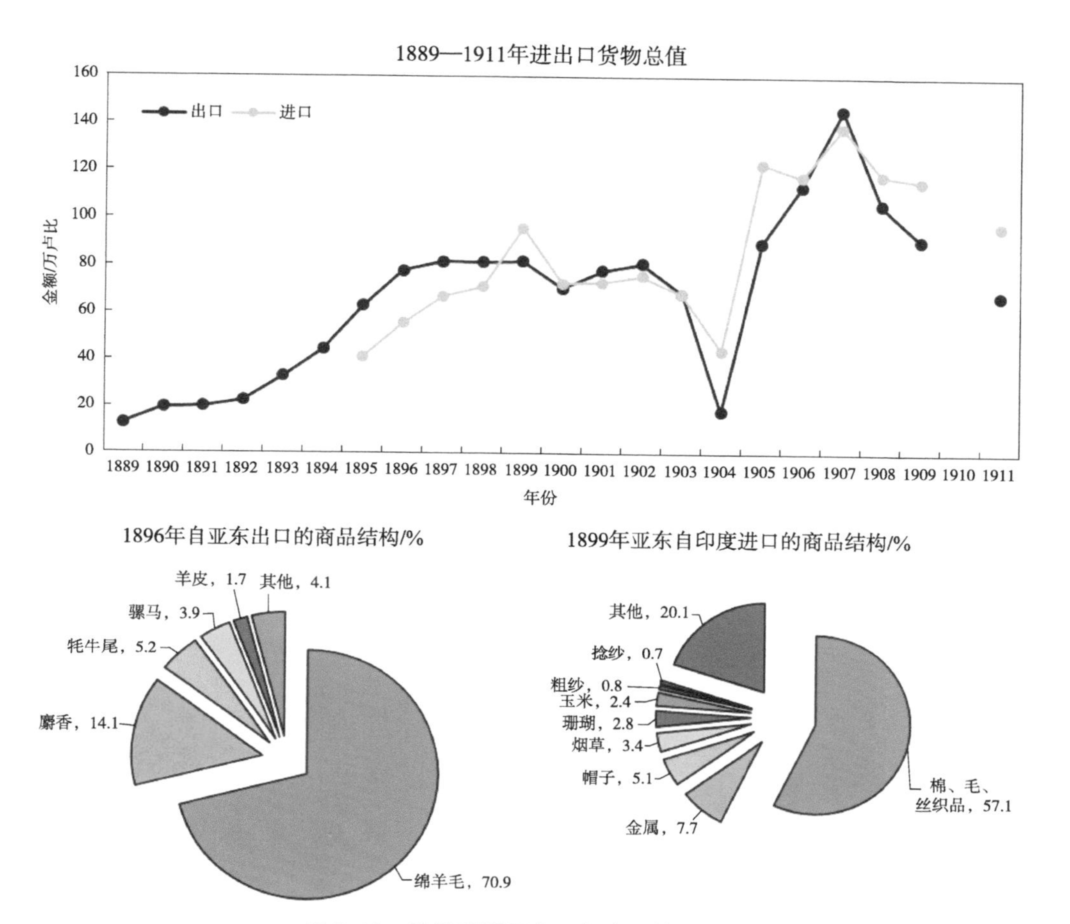

图3-11　晚清时期西藏亚东边贸情况概览

（数据来源：曾国庆，2012；何一民，2014；成崇德，1996）

第四章

青藏高原人类活动现代演变过程

青藏高原的各个地区，在新中国成立、西藏民主改革（1959年）之后，尤其是改革开放、西部大开发之后，农牧业经济、重大基础设施建设、生态保护等都得到了跨越式发展。对人类活动的现代化过程分析，为定量分析评价人类活动强度和结构、格局提供了认知背景。本章主要分析青藏高原主体部分——青海省和西藏自治区人类活动的现代演变过程。通过结合文献及年鉴资料，收集新中国成立以来青藏高原地区农牧业经济、重大基础设施建设、生态保护方面的统计资料，分析人口、城镇时空分布，三大产业结构（农牧业、工矿业、旅游业等），电力、水利、交通等重大基础设施建设，生态环境保护等方面的变化历程，了解高原上人类活动的现代演变过程。

第一节　人口分布与城镇化

一、人口数量与人口城镇化

在20世纪50年代初期，青海和西藏人口数量分别约161万人和115万人；到2019年，分别增长至608万人和351万人，年均增长率约2.0%和1.7%（图4-1和图4-2）。与全国其他地区相比，人口分布稀疏，人口密度较低。从区内的人口分布格局来看，青藏高原人口地域分布可以通过连接祁连县与吉隆县的“祁吉线”体现（戚伟 等，2020），两侧地域面积大致相同，但是东南半壁与西北半壁人口比例悬殊达到93∶7，同时人口分布的空间格局稳定。

受限于区域自然条件和经济发展，新中国成立以前，高原人口、城镇发展较为滞缓。截至1952年，西藏城镇人口7.5万人，约占总人口的6.5%；其中拉萨城镇人口3万人，城镇建成用地面积不足3 km^2，且街道狭窄、房屋简陋。青海城镇人口8.4万人，占总人口的5.2%，城镇化水平很低，仅西宁市一处城市。而且城镇功能单一，仅是一定区域内政教活动和农副产品的交换中心。城镇基础设施差，基本没有公共设施。新中国成立后，青藏高原城镇建设进入新时期。随着水、土、矿产资源的开发和规模扩大，工业化进程的展开以及交通运输的发展，高原城镇化明显加速。

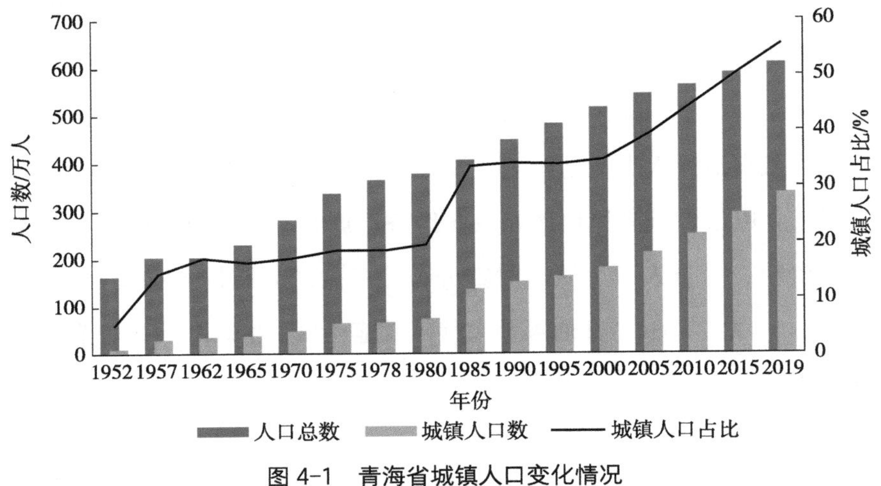

图 4-1 青海省城镇人口变化情况

数据来源：《新中国六十年统计资料汇编》（1952—2005 年）；《青海统计年鉴》（2010—2019 年）。

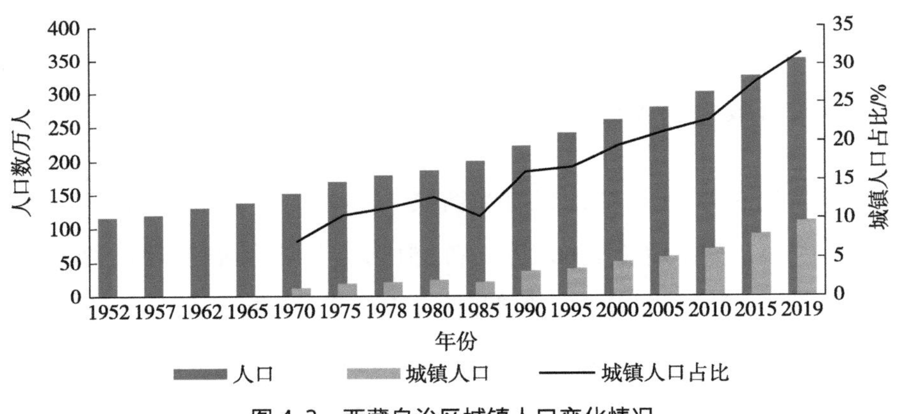

图 4-2 西藏自治区城镇人口变化情况

数据来源：《新中国六十年统计资料汇编》（1952—2005 年）；《西藏统计年鉴》（2010—2019 年）。

城镇化首先表现为城镇人口比重的增加。青海、西藏的人口因自然增长或迁入，人口总数量、城镇人口数量增加显著。青海在 1980 年以前人口城镇化率很低，不及 20%；此后 20 年发展稳定，城镇人口占比在 35% 左右；21 世纪以来发展快速，目前已经达到 55%。西藏的人口城镇化缓慢，受限于上千年的封建思想观念、落后的经济发展水平以及社会结构，第二三产业无法构成一定的比例，大部分人口生活在落后的牧区和乡村。至 20 世纪 80 年代徘徊于 10% 左右；到 2010 年提升到 20% 以上，2019 年达到了 30%。

二、城镇数量与分布变化

由于青藏高原高海拔、气候高寒干旱、交通不便、对外开放程度较低等因素影响，青海和西藏的外来人口、资本的输入有限。另外，从事放牧务农的广大农牧区群众居住分散、生产效率低下，难以形成规模产业。生产效率低下，使得青藏地区城镇建设缺乏足够的人力、物力和财力，城镇数量和建设规模上较难快速扩展，长期达不到建制镇的设置标准和设市标准，因此城镇数量少。

青藏高原地区的城镇数量，在 20 世纪 90 年代以前发展缓慢（表 4-1），有城镇建制的市（县）数量较少；此后，城市化进入了发展加速期。1990—2015 年青藏高原城镇数量从 72 个增加到 289 个，其中城市数量由 5 个增加至 9 个，建制镇数量由 67 个增加至 280 个。尤其是 1995—2005 年，城镇数量迅猛增加，此后数量增加有所放缓。虽然 1990 年后青藏高原建制镇的数量大幅增长，但 97% 的城镇人口规模在 5 万人以下，92% 的城镇用地规模在 5 km^2 以下，大中小城市发育不足，城镇辐射带动区域发展的能力弱。因此，城镇人口依然集中在少数的城镇中。

表 4-1　青海、西藏在 20 世纪 90 年代以前有城镇建制的市县

省区	年份	有城镇建制的县市
青海	1950	西宁市、乐都县、大通县、民和县、湟源县、互助县、化隆县、循化县、贵德县、浩源县、同仁县、玉树县
	1965	西宁市、湟源县、共和县、玉树县、都兰县、格尔木县
	1980	西宁市、大通县、湟源县、共和县、玉树县、格尔木市、都兰县
西藏	1950	拉萨市
	1965	拉萨市、乃东县
	1980	拉萨市、那曲县、昌都县、乃东县、日喀则县

青海和西藏的城镇发展驱动因素有所差异。自然资源的大规模开发和工业建设是青海城镇发展的首要动力。西藏城镇数量增长表现出明显的补偿性增长特征，大量新增城镇是“行政建制”变更，不少居民仍保持着城内居住、城外耕作的传统生产生活方式。对于两个省（区）而言，民族地区的优惠发展政策、牧民居住环境的改善、民族宗教文化的区域融合是推动城镇发展的重要原因。

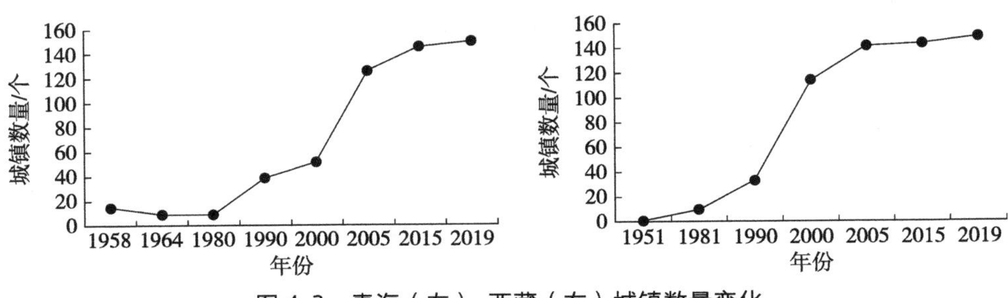

图 4-3　青海（左）、西藏（右）城镇数量变化

由于自然条件存在着巨大的地域差异性，制约着人类活动的空间分布，高原上的城镇发展表现出明显的地域差异。河谷是高原人类活动聚集处，河谷的走向决定高原城市空间分布的基本格局。青海河湟谷地（西宁市、海东市）、西藏“一江两河”中部流域（拉萨市、日喀则市），城镇发展较快，城镇化水平较高，城镇密度相对较大。西藏“一江两河”地区城镇密度为 1.7 个 / 万 km^2，这里的土地面积只占西藏土地总面积的 5%，却集聚了西藏 36% 的总人口、60% 的非农人口；而藏西北高原自然条件恶劣，绝大部分为无人区、少人区，城镇密度为 0.04 个 / 万 km^2（平均每 25 万 km^2 一处城镇）。另外，青藏高原地广人稀、城市密度低，平均每 50 万 km^2 才有一处建制市，所以城镇的发展严重依赖于交通的发展，交通成为高原城镇发展的主要制约因素之一，高原城镇分布呈沿交通线分布格局，比如西藏 80% 的城镇分布在主要交通干线上（鲍超 等，2019）。

综上可知，青藏地区的城镇空间分布基本特征为：①总体呈现出西北稀疏、东南密集的不均衡格局。②较大城市和镇分布在较大河谷盆地中，由于交通干线多沿河谷修建，从而形成城镇沿交通干线呈串珠状分布的特征。③城市空间分布分散，城镇密度低，相互距离较远。

第二节　产业结构与经济发展

一、产业结构优化

青海、西藏在 20 世纪 50 年代以前基本上没有现代工矿业，且农牧业生产落后。经过数十年的发展，三大产业均得到跨越式发展。三大产业结构的优化，主要经过了 3 个发展阶段：农牧业为主阶段，工农业并重的阶段，第二三产业为主的阶段。在 1970 年以前，农牧业占绝对优势，但其产值占总产值的比重呈下降的趋势。此后 20 年间，在 1990 年以前，工农业发展比重相当，第三产业逐渐发展。近 30 年来，第三产业得到了快速发展，产业结构逐步优化。相较而言，西藏的产业结构优化进程晚于青海，但均符合产业结构优化的路径。

具体到青海（图 4-4），第一产业的占比由 1949 年的 83% 快速下降至 1970 年的 40% 左右，此后 20 余年间进一步下降至 20% 左右，进入 21 世纪以来，占比为 10% 左右。就第二产业的发展而言，20 世纪 60 年代以前主要是依托农牧业资源发展了一批粮油、皮革、毛纺、肉奶等农产品加工工业，以及电力、煤炭等基础工业，但规模小。此后在“三线建设”的大背景下，一批工业工厂相继从内地迁入或新建，由此奠定了青海工业发展的基础；改革开放后以优势资源开发为主的重型工业得到迅猛发展，工业体系框架基本形成（张海峰，2010）。

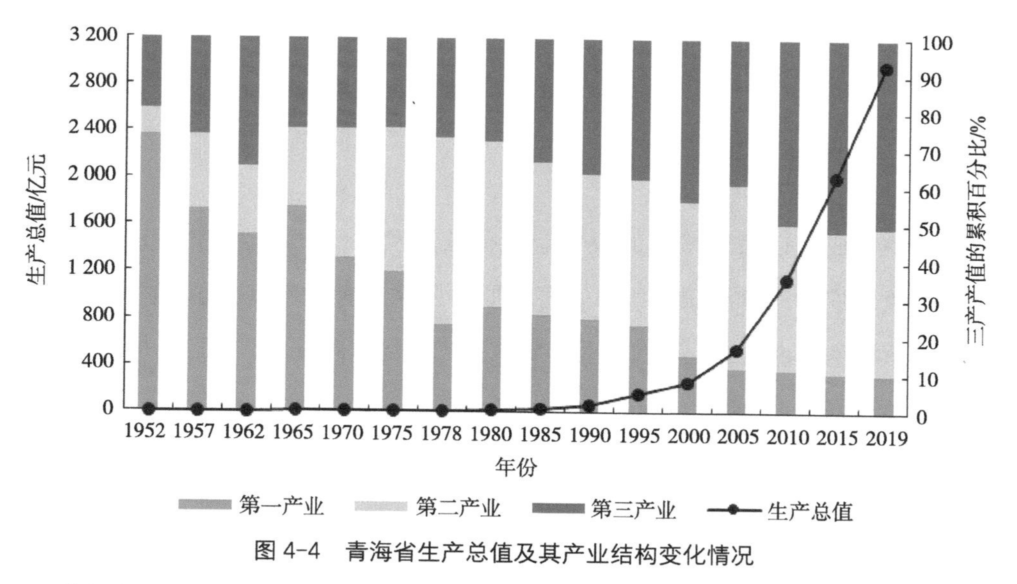

图 4-4　青海省生产总值及其产业结构变化情况

数据来源：《新中国六十年统计资料汇编》（1952—2005 年）；《青海统计年鉴》（2010—2019 年）。

西藏的产业结构调整主要发生在改革开放之后。到 1978 年，西藏第一产业产业结构占比为 51%，呈现出“一二三”的产业结构。1984 年中央第二次西藏工作座谈会议召开，标志着援藏工程的开始，20 世纪 80 年代后第一产业占比逐渐下降，第二产业比重保持在13%～37%，第三产业的比重逐渐上升。到1997年，西藏产业呈现出“三一二”结构。青藏铁路全线贯通后，西藏旅游业和交通运输业得到快速发展，到2019年西藏三次产业的占比为8∶38∶54。

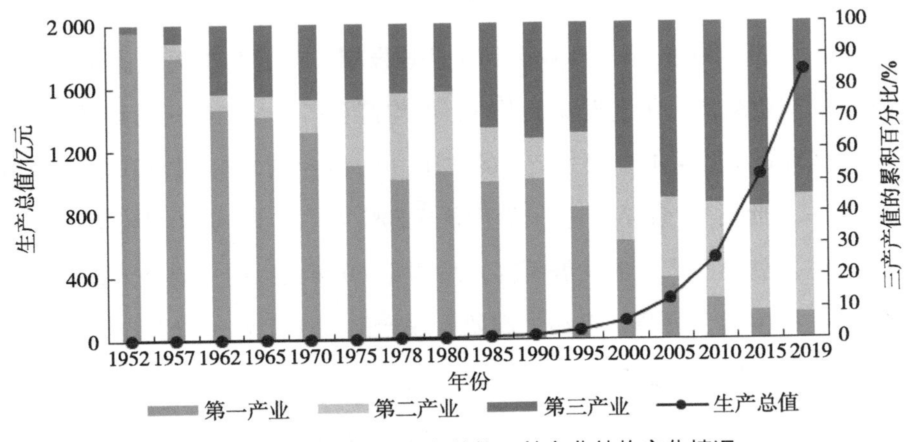

图 4-5　西藏自治区生产总值及其产业结构变化情况

数据来源：《新中国六十年统计资料汇编》（1952—2005年）；《西藏统计年鉴》（2010—2019年）。

二、农牧业发展

新中国成立以后青藏高原农牧业取得长足发展，农牧业生产由开荒种粮、过度放牧转变为科学种田、以草定畜、退耕还林、退牧还草，逐步向效益农牧业、高原特色农牧业、生态农牧业和农牧业产业化方向发展。

（一）种植业发展

新中国成立之初，青海省的农牧业结构单一，经营管理粗放，生产技术落后。1949年全省粮食产量29.6万t，油料产量0.8万t。新中国成立以来，加大对农牧业的投入，农业耕种的机械化程度提高，农业现代化水平和生产力明显提升。青海农业改变了单一的粮食种植格局，经济作物和蔬菜种植得到快速发展，尤其是进入21世纪以来，全省各地坚持因地制宜的原则推动优势产业发展，形成了马铃薯、蚕豆、油菜、花卉、辣椒等多个特色产品生产基地。随着种植面积的减少，粮食产量在21世纪后有所降低，加之人口增长，人均粮食产量不足以自给自足。

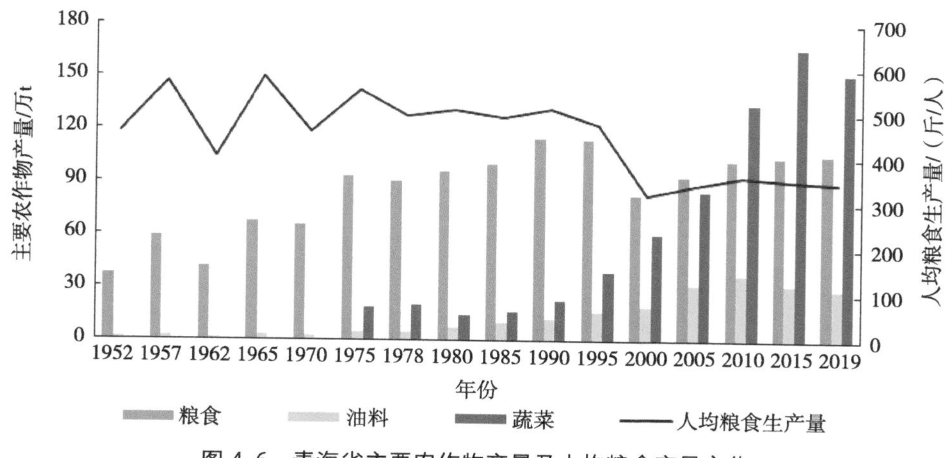

图 4-6　青海省主要农作物产量及人均粮食产量变化

数据来源：《新中国六十年统计资料汇编》（1952—2005 年）；《青海统计年鉴》（2010—2019 年）。

青海农作物播种面积较为稳定，基本保持在 5 000～5 500 km^2，其内部种植结构得到了显著调整：从以种植杂粮为主，逐渐转变为种植马铃薯、小麦为主，杂粮占比持续降低。粮食作物的单产水平不断提升，尤其是小麦的单产水平，数倍增长。

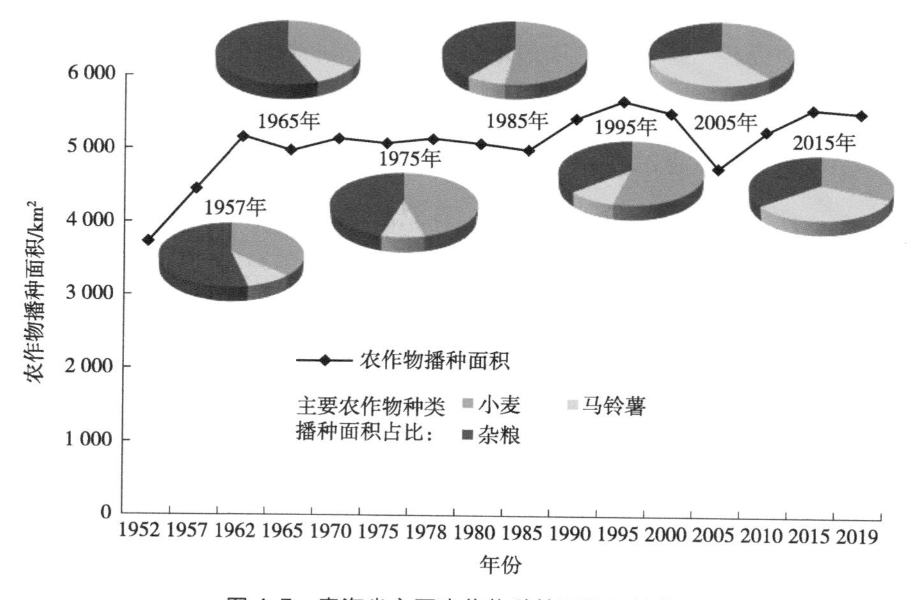

图 4-7　青海省主要农作物种植面积及结构

数据来源：《新中国六十年统计资料汇编》（1952—2005 年）；《青海统计年鉴》（2010—2019 年）。

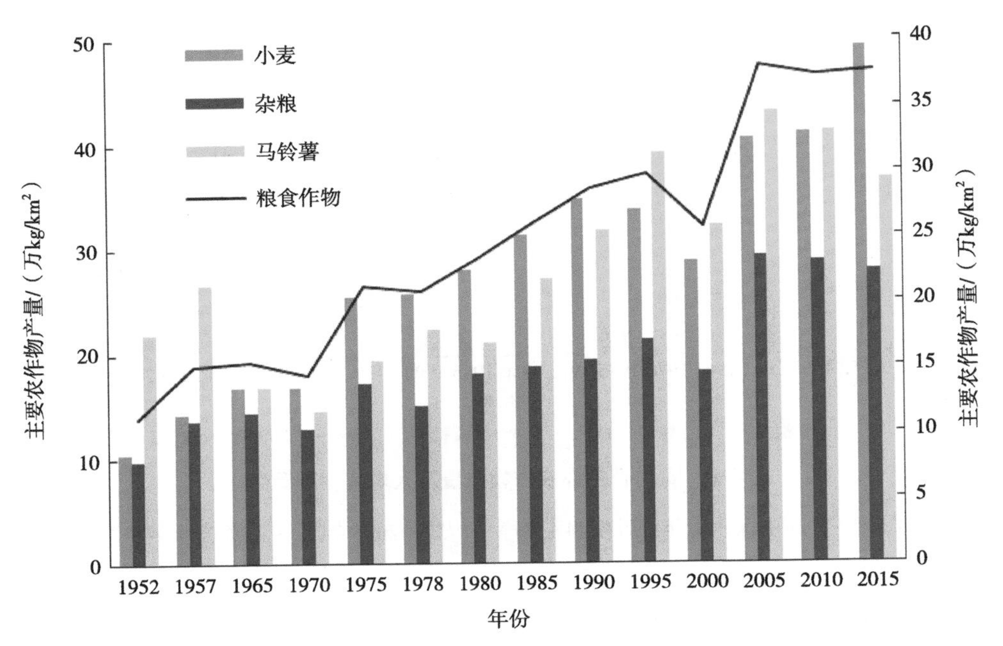

图 4-8　青海省粮食作物单位面积产量变化

数据来源：《新中国六十年统计资料汇编》（1952—2005 年）；《青海统计年鉴》（2010—2015 年）。

西藏早期的粮食生产能力十分低下，1980 年以前，西藏提高粮食产量主要依靠扩大耕地面积，但粮食总产量增长不显著。耕地的过度扩垦不仅增加了水土流失，也形成了局部区域的面源污染。1991 年开始国家投资 9 亿元在西藏实施了“一江两河”农业综合开发治理工程，重点用于改造中低产田、增加灌溉面积、增加人工植被、恢复荒滩植被，有效地遏制了耕地过度扩垦和改善了局部区域恶化的生态环境。此外，早期的西藏全区几乎没有大面积的蔬菜种植，从 1990 年起，自治区大力发展以蔬菜为主的“菜篮子”生产，拉萨、山南、日喀则、昌都、林芝等地（市）所在城镇及部分县城 85% 左右的蔬菜可由当地生产和提供。

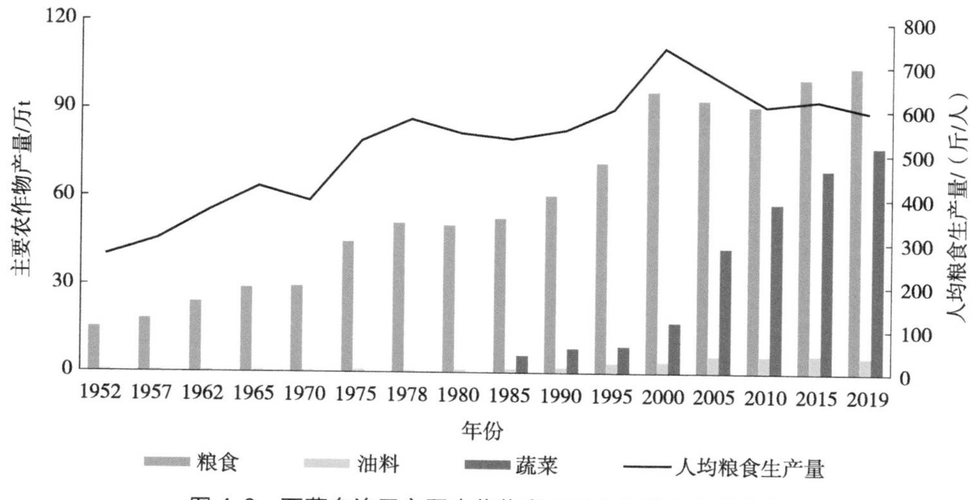

图 4-9　西藏自治区主要农作物产量及人均粮食产量变化

数据来源：《新中国六十年统计资料汇编》（1952—2005 年）；《西藏统计年鉴》（2010—2019 年）。

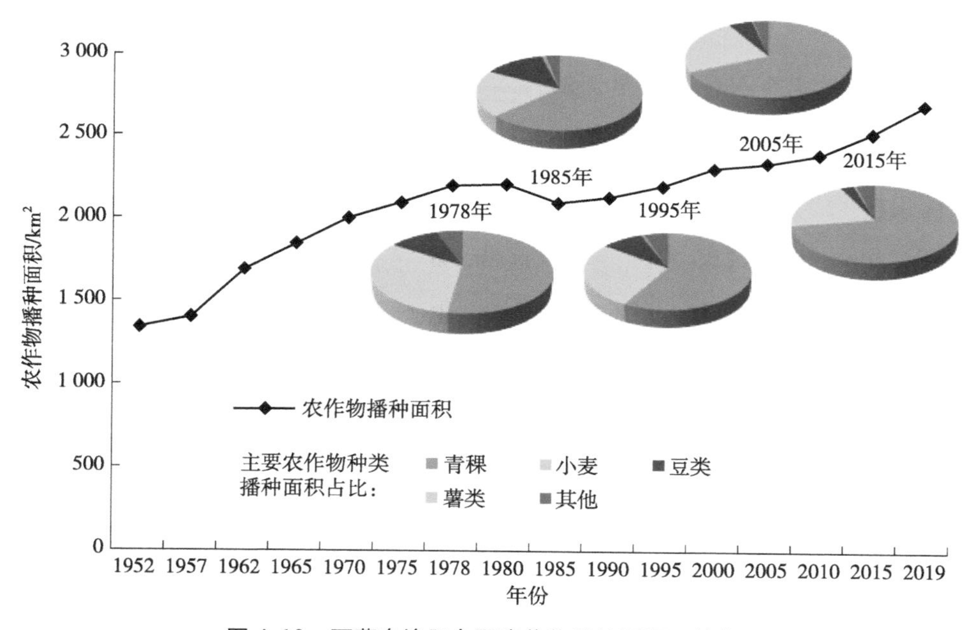

图 4-10　西藏自治区主要农作物种植面积及结构

数据来源：《新中国六十年统计资料汇编》（1952—2005 年）；《西藏统计年鉴》（2010—2019 年）。

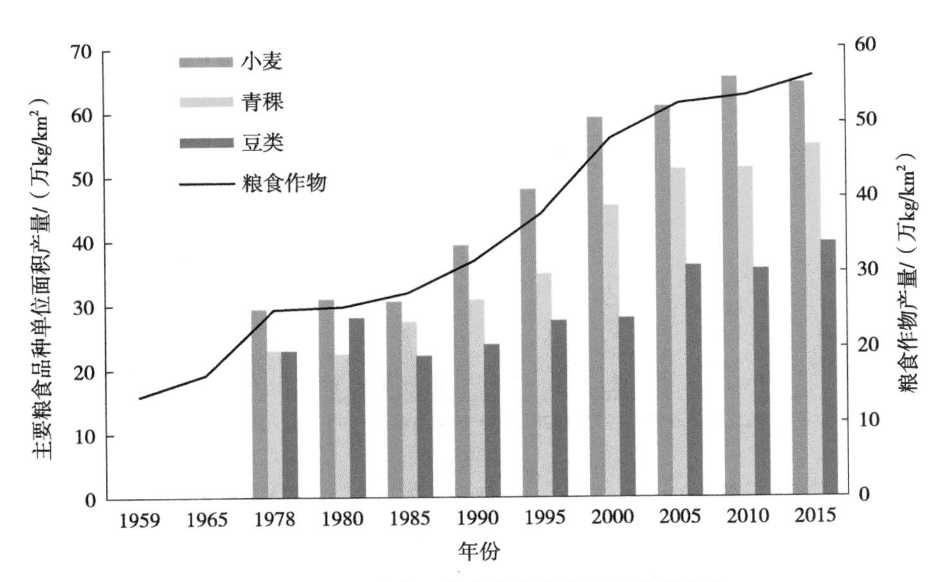

图 4-11　西藏自治区粮食作物单位面积产量变化

数据来源：《新中国六十年统计资料汇编》（1959—2005 年）；《西藏统计年鉴》（2010—2015 年）。

（二）耕地面积和垦殖率变化

20 世纪 80 年代以前，青海和西藏的耕地面积持续增加；此后的 20 年，耕地面积较为稳定，略有减少；21 世纪以来，有增有减。耕地相对增加较快的是海拔 3 200 m 以下地区、30°～33°N 地带，耕地的变化表现出向低海拔地区、纬度较高地区扩展的趋势。耕地减少与加大生态建设退耕还林（草）和农村经济结构调整力度以及非农建设占用有关。非农建设占用的耕地大部分是质量较好的水浇地，而补充的耕地主要分布在生态环境较差的地区，造成耕地生产力整体水平下降。

就耕地空间格局的变化而言，受限于自然地理条件，耕地主要分布在河湟谷地和“一江两河”地区。在这些区域内，耕地分布范围有所扩张，目前耕地空间格局已基本稳定。另外，耕地的垦殖强度明显增强，尤其是“一江两河”地区。研究显示，耕地区域内垦殖指数提高了 10%～20%；年楚河流域农垦区近一半区域耕地的垦殖指数提高幅度在 30% 以上。2000 年后垦殖率较为稳定或者略有下降，与国家在该地区不断实施退耕还林还草以及其他生态建设政策有关（李士成　等，2015）。

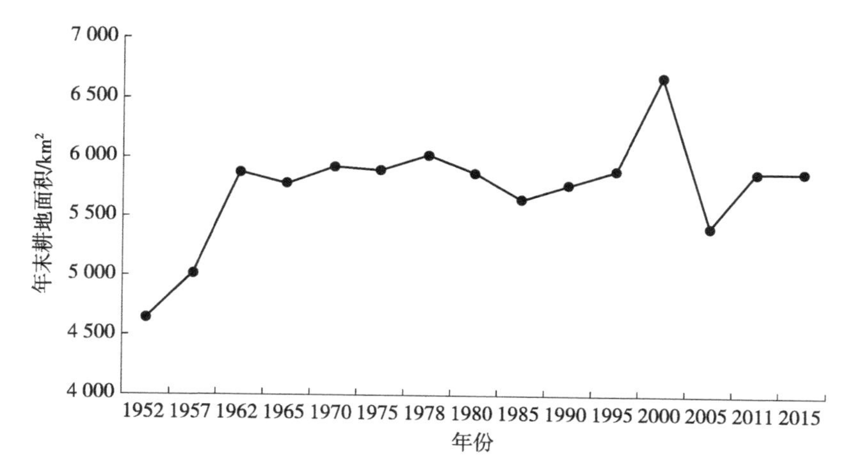

图 4-12　青海省耕地面积变化

数据来源:《新中国六十年统计资料汇编》(1952—2005 年);《青海统计年鉴》(2010—2015 年)。

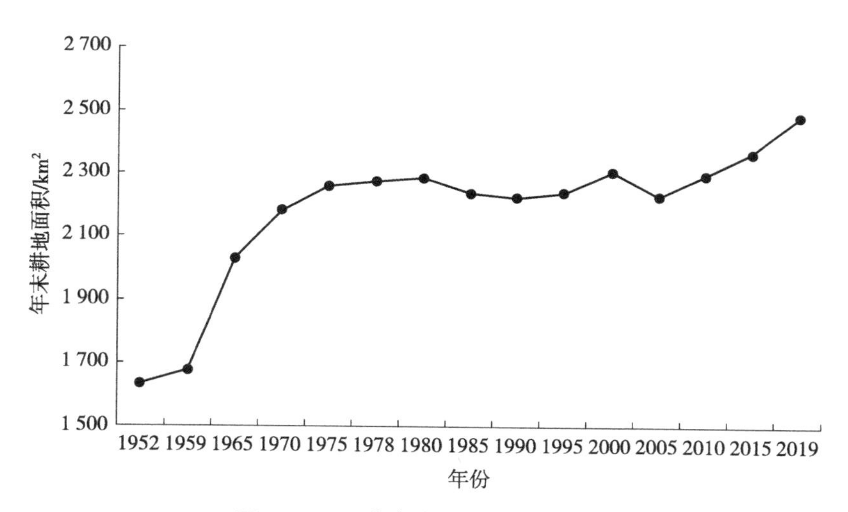

图 4-13　西藏自治区耕地面积变化

数据来源:《新中国六十年统计资料汇编》(1952—2005 年);《西藏统计年鉴》(2010—2019 年)。

(三)畜牧业发展

青海省草地资源丰富，自然条件恶劣，经济基础薄弱。20 世纪 80 年代之前，畜牧业基本上处于传统的、逐水草而居、靠天养畜的经营阶段，青海牧民群众生活贫困。此后，青海牧民的生产生活方式才逐渐从“游牧”向“定居”转变。青海省牲畜存栏头数 1970 年、1980 年较 1949 年分别增长 133% 和 194%。由于追求存栏数和年净增率，使牲畜数量迅猛增长，加上畜种结构和畜群年龄结构的不合理，忽视了经济效益和草地资源的保护，增大了草地的负担，草地载畜量严重超载，导致草地退化。1999 年全省各类退化草地面积约为 98 700 km^2，占全省草地面积的 27%。2010 年后，随着草地保护与恢复措施的实施，草地退化得到遏制，生态趋势向好。2019 年年底，大牲畜 508.9 万头，羊 1 326.9 万只，其中 88% 为绵羊。

西藏牧业发展的历程表现为牲畜数量增加、高位波动和开始下降 3 个阶段性特征。1959 年西藏年末牲畜存栏数 956 万头（只），20 世纪 90 年代和 21 世纪初一直维持在 2 300 万头（只）左右的规模。牧区牲畜数量的持续增加对草地生态系统的影响主要表现为草场退化。草场超载问题大致出现在 20 世纪 70 年代中后期，超载率接近 24%。以超载最严重的那曲市为例，在民主改革以后，那曲市的牲畜头数增加较快，每绵羊单位所占有的草地面积日趋减少，不得不依靠加大放牧强度来满足牲畜的需求。为了遏制草场退化，20 世纪 90 年代推行了“草原围栏”轮牧、改良天然草场、扩大人工草地面积等措施；2004 年开始实施了“退牧还草”工程；2009 年和 2010 年，开展了草原生态保护补偿试点。生态补偿政策实施后，西藏全区实际载畜数量逐年下降，由 2006 年的 2 438 万头减少到 2016 年的 1 803 万头；草原干草产量从 2006 年的 2 338 万 t 缓增到 2016 年的 2 931 万 t；政策实施 10 年后，超载率下降到了 16%，全区基本实现草畜平衡。

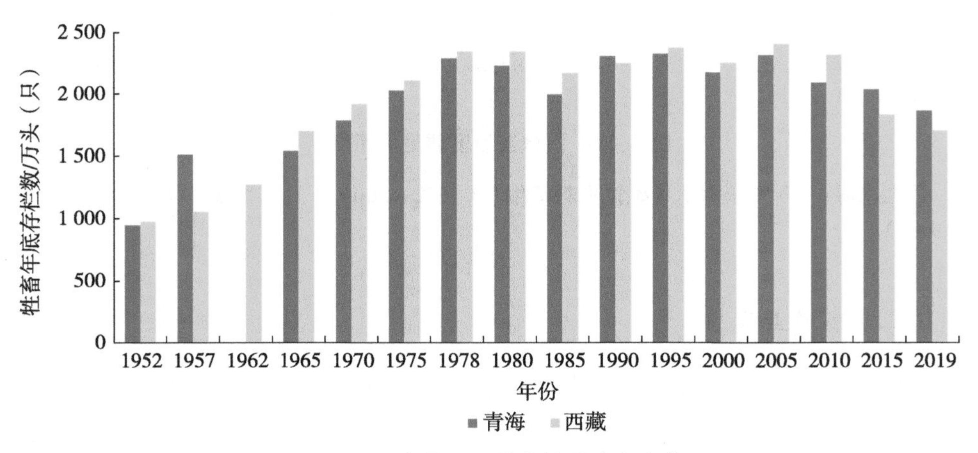

图 4-14　青海、西藏的牧业生产变化

数据来源：《新中国六十年统计资料汇编》（1952—2005 年）；《青海统计年鉴》和《西藏统计年鉴》（2010—2019 年）。

三、工矿业发展

新中国成立后，青藏高原的工矿业经历了由小到大、由弱到强的发展过程，为青藏高原的社会经济发展带来了新动力。

（一）矿产资源基础

作为工业发展的主要基础之一，青藏高原拥有丰富的矿产资源。

西藏目前已发现 101 种矿产资源，查明矿产资源储量的有 41 种，勘察矿床 100 余处，已开发利用的矿种有 22 种。西藏优势矿种有铜、铬、硼、锂、铅、锌、金、锑、铁，以及地热、矿泉水等，部分矿产在全国占重要地位，矿产资源潜在价值万亿元以上（表 4-2）。矿产资源储量居全国前 5 位的有铬、工艺水晶、刚玉、高温地热、铜、高岭土、菱镁矿、硼、自然硫、云母、砷、矿泉水等。

表 4-2　西藏主要城市与地区的矿产资源分布情况

城市或地区	主要的矿产资源
拉萨市	现已发现 50 多种矿产，矿（化）点 170 多处，主要有铁、铜、铅、锌、锡、钼、银、金、地热、煤、泥炭、刚玉、石膏、自然硫、高岭土、石灰石、火山灰、重晶石、汉白玉、花岗石、大理石等。其中，刚玉、地热居全国第一位，自然硫居全国第三位，高岭土居全国第五位；铜、铅、锌探明储量 43 万 t，勘探工作尚在进行中
昌都市	昌都市矿产资源十分丰富，以有色金属矿产占明显优势。已发现的矿产有铁、铬、铜、铅、镍、钴、钨、锡、钼、铋、锑、金、银、菱、黏土、白云岩、石膏、硅石、石灰岩、煤、油页岩、食盐、砷、重金石、萤石、石棉、石墨、冰洲石、云母等 70 余个矿种，矿产地 360 余处，矿床 80 余处，矿点 290 多处，矿（化）点 340 余处。已列入西藏自治区矿产储量平衡表的有 13 种，其中占全国第二位的有铜，第三位的有菱镁矿、第五位的有砷、显晶质石墨，第七位的有石膏、第十位的有钼矿等
阿里地区	阿里地区南北宽约 660 km、东西长约 700 km 的境域内，由南到北分布着喜玛拉雅、雅鲁藏布、冈底斯山、班公湖——怒江、羌塘、喀喇昆仑、南昆仑等重要的区域性成矿带，地区已发现包括固体可燃矿产、黑色金属、有色金属、贵金属、稀有金属、光学材料、化工原料、盐类矿产、美术工艺原料、建材、地热等 17 类 38 种矿产资源，矿床、矿（化）点 301 余处。其中硼、金、铜、铁（富铁）、锂为主要优势矿种，优势矿种不仅品位相对较高，而且大中型规模矿床相对集中

续表

城市或地区	主要的矿产资源
山南市	山南市地处冈底斯成矿带、雅鲁藏布江成矿带、喜马拉雅成矿带，成矿地质条件优越。目前已发现矿产 37 种，矿产地 108 处。优势矿产有铬铁、铅锌、岩金、铜，具有潜在优势的有石灰岩、水晶、矿泉水、大理岩、地热等矿产
那曲市	那曲市矿产资源十分丰富，开发潜力巨大。铁、铬、金、锑、铅锌、铜、硼、锂、食盐、石膏等矿产储量大，资源优势明显。石油、天然气、油页岩等潜在资源丰富
林芝市	林芝市地质结构复杂，矿产资源丰富，目前已初步探明且储量较丰富的有朗县的铬铁矿，察隅县的金矿、水晶矿，易贡的铁矿、绿色花岗岩、虎皮绿花岗石、石灰岩等矿产资源
日喀则市	日喀则市已开发的矿产资源主要有硼砂、锑矿、铬铁矿、玉石、磁铁矿、石材、砂石料等

青海发现的矿产地超过 1 500 处，共有矿种 134 种，已探明储量的有 88 种，在已探明的矿产保有储量中，有 50 种居全国前 10 位，11 种位居全国首位（表 4-3）。地处青海西北部的柴达木盆地蕴藏着丰富的盐类矿产和一些非金属矿产，在全省乃至全国都具有极其重要的地位。全国 99% 以上的镁盐、96% 以上的钾盐、80% 以上的锂矿和湖盐矿、66% 以上的芒硝、近 50% 的锶矿和石棉矿都集中分布在柴达木盆地。

表 4-3　青海主要地区的矿产资源分布情况

地区	主要矿产资源分布情况
柴达木盆地成矿区	柴达木盆地面积约为 25 万 km^2，是省内最大的矿产资源集中区，素有“聚宝盆”的美誉，被列为我国西部十大矿产资源集中区之一。盆地内分布着举世闻名的察尔汗盐湖等 30 多处现代盐湖，盐类矿产资源储量丰富集中。石油、天然气储量也十分可观，已建成涩（北）—（西）宁—兰（州）天然气管道。盆地北缘成矿带以石棉、贵金属、有色金属和煤为主，有著名的锡铁山铅锌矿和茫崖石棉矿
东昆仑成矿带	该矿带已探明金、铜、钴、铅、锌、铁等有色金属和贵金属矿产的主要聚集区。主要矿产地有肯德可克铁铜矿床、五龙沟金矿床、驼路沟钴金矿等大中型矿床
北祁连成矿带	北祁连成矿带位于青海东北部祁连、门源一带，是省内已探明的煤炭主要产地和石棉、贵金属、多金属矿的重要产地，具有较大的找矿潜力
青东地区	包括大坂山以南的西宁、海东地区，以冶金辅助原料、建材、化工原料等非金属矿产为主
其他地区	主要是青南地区的“三江”成矿带北段，分布一些砂金、铜、多金属、矿泉水、铌钽等矿场。“三江”成矿带指川滇青藏接壤的怒江—澜沧江—金沙江地区，具有较大的找矿潜力

（二）工业产值及结构变化

青藏高原的现代工业始于新中国成立后。此前，该区农牧业经济占据主体地位，经济基础非常薄弱。尤其是处于封建制度下的西藏地区，没有任何现代意义上的工业企业，仅有一些传统家庭作坊式的民族手工业，并且生产效率低下。

新中国成立后，自20世纪50年代开始对青海柴达木盆地进行地质勘探，石油工业、盐化工开始发展。20世纪60年代中期，在国家实施“三线建设”重大战略部署，生产力布局向西北、西南地区战略转移的大背景下，一批机械、化工和军工企业相继从内地迁入或新建在西宁、海西蒙古族藏族自治州、海东等地，青海的现代工业发展开始进入跨越发展阶段，1975年青海第二产业占比首次超过第一产业并达到38.3%。改革开放后，青海开始探索实施资源开发战略，水电资源、石油天然气资源、盐湖资源、有色金属资源得到重点开发。这一时期青海省工业经济发展速度加快，1998年电力、煤炭、石油3个产业的总产值占全省工业总产值的19.5%。能源工业的快速发展，使青海在这一时期成为我国西北地区重要的能源工业基地。

西藏和平解放后，建立了一批工业企业，实现了西藏现代工业“零”的突破。民主改革后，西藏先后建成了电力、煤炭、机械修理、化工、建材等80个中小型工厂，工业经济发展出现了一个小高潮。改革开放后，西藏确立了以电力、矿业、轻纺、民族手工业四大支柱为重点的发展方针，先后建起了日喀则塘河电厂、山南沃卡电厂、献多电站、羊八井地热电厂等，矿产采掘业以铬矿、硼砂、黄金、煤炭开采为主。

进入21世纪以来，青藏高原的工业发展加速发展。这一时期国家开始实施西部大开发战略，青藏高原工业化、城镇化、市场化进程明显加快。青海省三次产业结构中，第二产业占比40%，工业化水平处于由初级阶段向中级阶段的过渡时期。2003年西藏第二产业增加值首次超过第一产业，规模以上工业总产值中，优势矿产业、藏医药业、高原特色生物和绿色食（饮）品加工业、民族手工业、水电能源产值占70%以上。2020年，西藏工业总产值达331.2亿元，较1956年增长4 000多倍，规模以上工业企业167家。

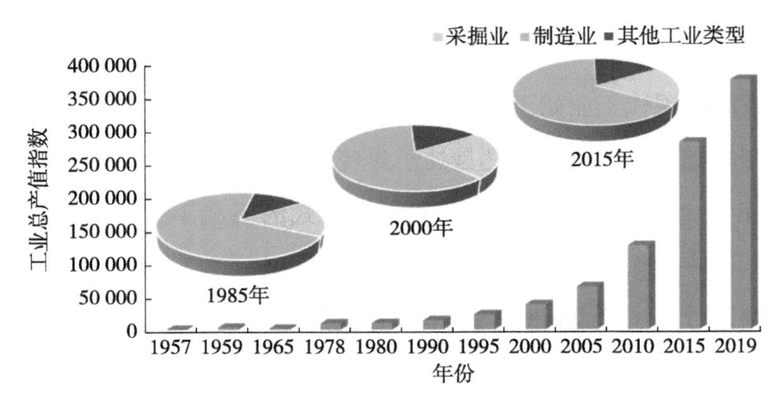

图 4-15　西藏自治区工业产值及产业结构变化

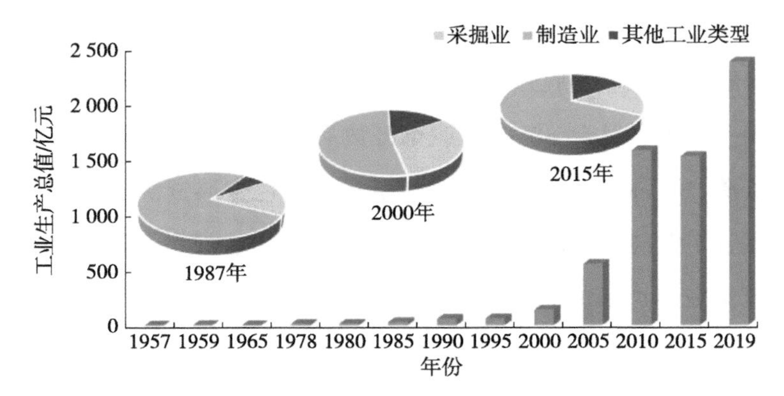

图 4-16　青海省工业产值及产业结构变化

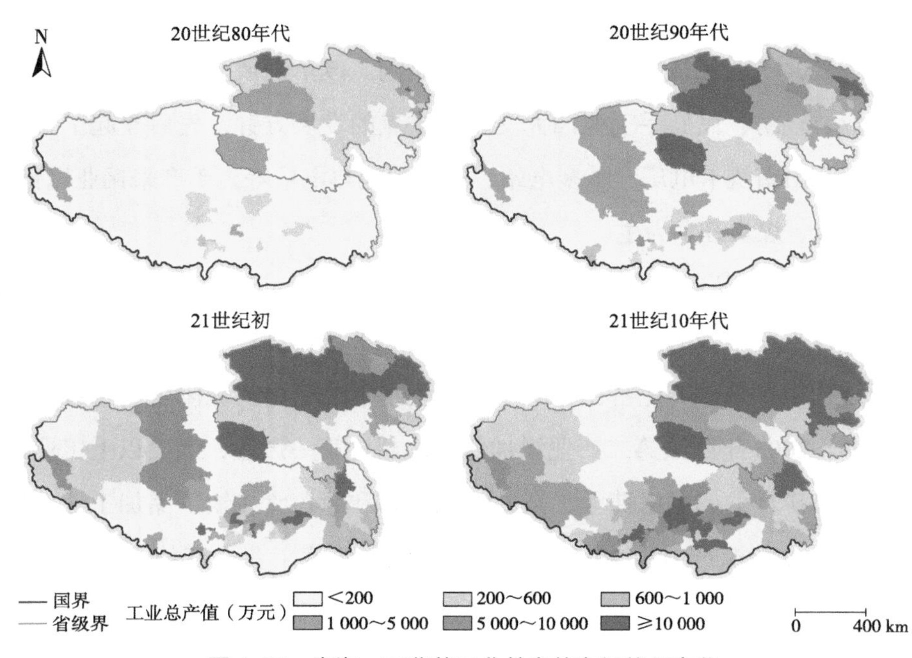

图 4-17　青海、西藏的工业总产值空间格局变化

四、旅游业发展

青藏高原作为“世界屋脊”和“地球第三极”，拥有独特、神奇的旅游资源。一方面拥有壮观的自然景观，特有的生存环境和复杂多样的地理条件，可打造高山、湖泊、草原、野生动物等系列生态旅游产品。另一方面，相对封闭的环境，使长期生活在青藏高原诸少数民族创造的极具地域特色、绚丽的少数民族古朴文化得以保留，表现出原真性、多元性、宗教性。

2006 年青藏铁路的全线贯通，极大带动了青藏高原旅游业的发展。据统计，青海省 2004 年、2005 年全省旅游业接待分别为 500 万人次、600 万人次，2006 年后突破了 800 万人次，实现旅游总收入 35.7 亿元。“十一五”期间，西藏自治区的旅游业取得巨大的进展，突破 600 万人次。近年来，得益于交通路网等基础设施不断完善，加之新兴媒体和网民的推广，青藏高原正成为中国游客人数增长最为迅速的旅游目的地之一。

青海省统计局发布的统计公报显示，2019 年，青海共接待海内外游客 5 080.2 万人次，较上年增长 20.8%，青海民航旅客年吞吐量突破 800 万人次，连续 4 年实现每年“百万量级”增长，实现旅游收入 559 亿元，较上年增长 20.5%。西藏自治区的统计数据同样亮眼，2011—2019 年，西藏年接待游客数量从 869.8 万人次增加到 4 012.2 万人次，年均增速超过 21.9%。

独特的自然与人文景观，为旅游业发展提供了丰富资源。旅游业发展带动了餐饮、住宿、交通、文化娱乐等产业的发展，促进了文化遗产保护、传统手艺传承和特色产品开发，旅游业已成为青藏高原实现绿色增长和农牧民增收致富的重要途经。以拉萨市为例，2019 年年末户籍人口数量为 55.9 万人，全年接待海内外游客 2 337.2 万人次，旅游总收入 348.7 亿元。大量旅游人口进入高原，不仅急剧增加了食品、水、特色旅游用品等的消费量，以及旅游景点构筑物及旅游设施的新建，草地等的踩踏，旅游废弃物品的处置等，同时加大了对生态环境的压力甚至造成了破坏。

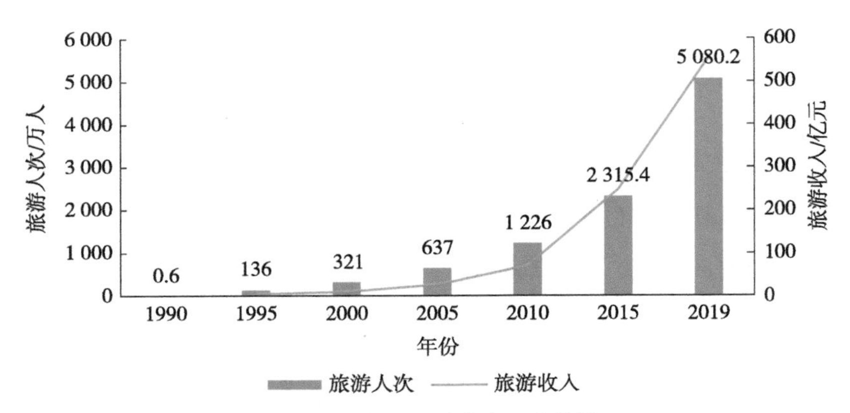

图 4-18　青海省旅游业发展变化情况

数据来源：《新中国六十年统计资料汇编》（1952—2005 年）；《青海统计年鉴》（2010—2019 年）。

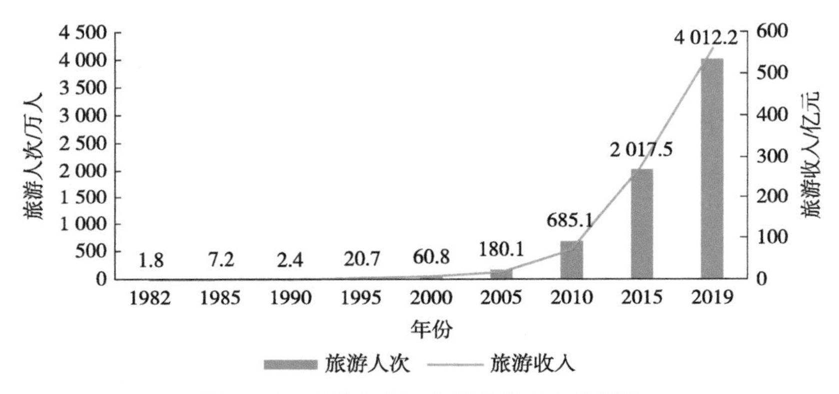

图 4-19　西藏自治区旅游业发展变化情况

数据来源：《新中国六十年统计资料汇编》（1952—2005 年）；《西藏统计年鉴》（2010—2019 年）。

第三节　重大基础设施建设

青藏高原大部地区低温缺氧，自然条件较为恶劣。高原冻土广布，建设施工难度大。生态系统脆弱，工程环保要求高。受自然地理条件限制，青藏高原地区重大基础设施建设相对滞后。经过国家扶持和当地人民的辛勤开拓，基础设施建设方面从无到有、从少到多、日趋完善，尤其 21 世纪以来的 20 年电力、水利、交通等基础建设取得了突飞猛进的发展，有力支撑了青藏高原地区经济社会发展，各族人民幸福感、获得感不断跃升。

一、电力设施发展

青海和西藏的电网建设经历了一个漫长的发展历程，发电站数量逐渐增加、电网不断蔓延扩大覆盖范围。近年来，青藏地区依托自然资源大力推动新能源产业发展，促进新能源并网和消纳，青藏高原人民用上了安全稳定的电能。

1949 年新中国成立时，青海电力工业基础十分薄弱，全省仅有西宁水力发电厂 1 座电站。20 世纪 50—70 年代，青海省输电线路完成了低压到高压的发展，于 1971 年与甘肃电网联网，改变了青海电网孤网运行状况。总体来看，1978 年以前青海全省发电量低，电力工业十分薄弱，发展较为缓慢。除省会西宁和少数州（县）外，只有少数城镇、村庄依赖小型水电站及柴油发动机满足照明用电，在偏远的农牧区，酥油灯和蜡烛用于广大群众日常照明。

20 世纪 90 年代之后，尤其是 21 世纪以来电力工业发展迅速，青海的电网在不断加强和延伸。首先是高压输电线路延伸，开始向西北电网供电，标志着青海电力工业跨入高电压、大机组、大电网行列。2005 年，750 kV 超高压线路——青海官亭至甘肃兰州东输电线路正式投运，标志着进入超高压时代。“十二五”（2011—2015 年）期间，青海电网累计投资 350 亿元，先后建成投运了青藏联网、玉树联网、青新联网、果洛联网等一批重点工程，青海电网由单一交流电网发展成为交直流混合电网。随着青海玉树、果洛两个藏族自治州的电力工程建设项目全面完工，彻底结束了青海省个别地区的无电历史，标志着中国全面解决了无电人口的用电问题。

近年来，城乡用电迅速增长，新能源、清洁能源占比增加。2020 年，青海省全社会用电量达到 742 亿 kW·h。立足青海资源禀赋和社会发展要求，在电网建设、新能源消纳、藏区服务等领域实现突破，清洁方便的电能为青海省社会经济发展提供动力保障。

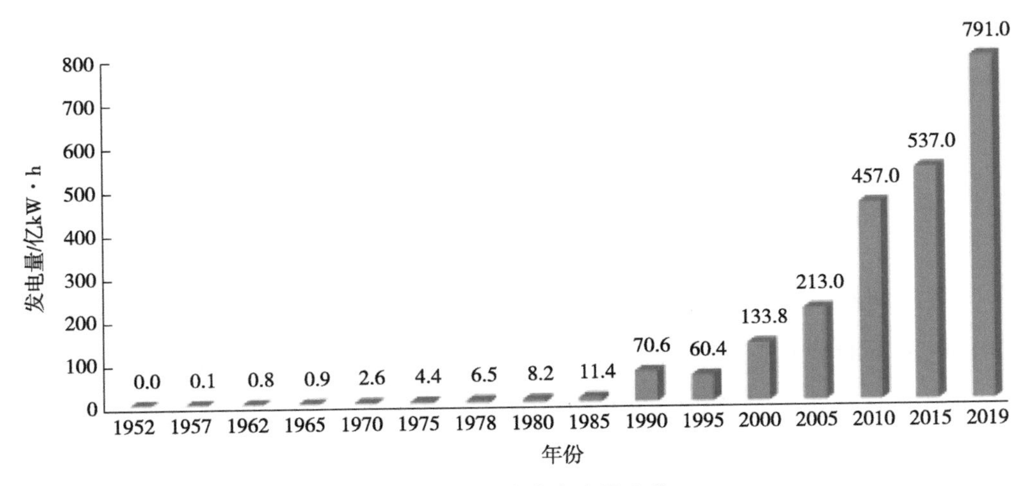

图 4-20　青海省发电量变化

数据来源：《新中国六十年统计资料汇编》（1952—2005 年）；《青海统计年鉴》（2010—2019 年）。

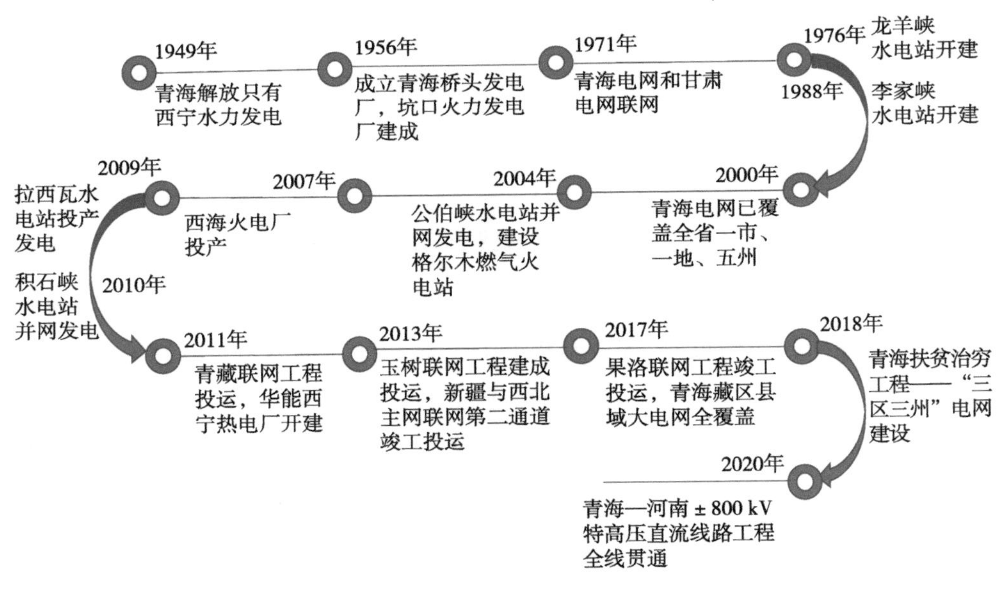

图 4-21　青海省电力发展大事记

1928 年，西藏噶厦政府在拉萨北郊夺底兴建了 1 座 92 kW 水电站，开始了西藏用电的历史，但是唯一的夺底发电站仅运行了几年。到 1951 年西藏和平解放初期，全区发电能力为零。1951 年后，西藏先后建成了日喀则火力发电厂和拉萨夺底电站。到 1965 年自治区成立时，一批地市主力电站和 600 多座农村小水电站先后建成。基本形成了全区地市独立电网和一大批小水电站供电的县、乡局域电网。进入 20 世纪 80 年代，新能源开发利用取得成效。部分县、乡、村相继建成投产了一批小型水电站和光伏电站，率先在全国开展了地热、太阳能等新能源的开发利用研究。

21 世纪初，西藏电力进入快速发展阶段。建成一批骨干电站，西藏电网装机规模大幅提升，形成了以水电为主，地热、风能、太阳能等多能互补、点多面广的电力体系。全区共有藏中（拉萨、山南、日喀则、那曲）及林芝、昌都、阿里“一大三小”4 个电网，最高电网电压等级 110 kV。2007 年，西藏自治区人民政府和国家电网公司共同组建国网西藏电力有限公司，西藏电力步入了历史上发展最快、投资规模最大、成效最明显的跨越式发展时期。

2011 年，世界上海拔最高的“电力天路”——青藏联网工程建成，结束了西藏电网长期孤网运行的历史。2014 年，川藏联网工程投运，西藏昌都电网与四川电网接通，结束西藏昌都地区长期孤网运行的历史，从根本上解决了西藏昌都严重缺电和无电问题。西藏电网最高电压等级实现了从 110 kV 到 220 kV、400 kV 和 500 kV 的历史性跨越，进入了同全国联网的交直流混联电网新时期。

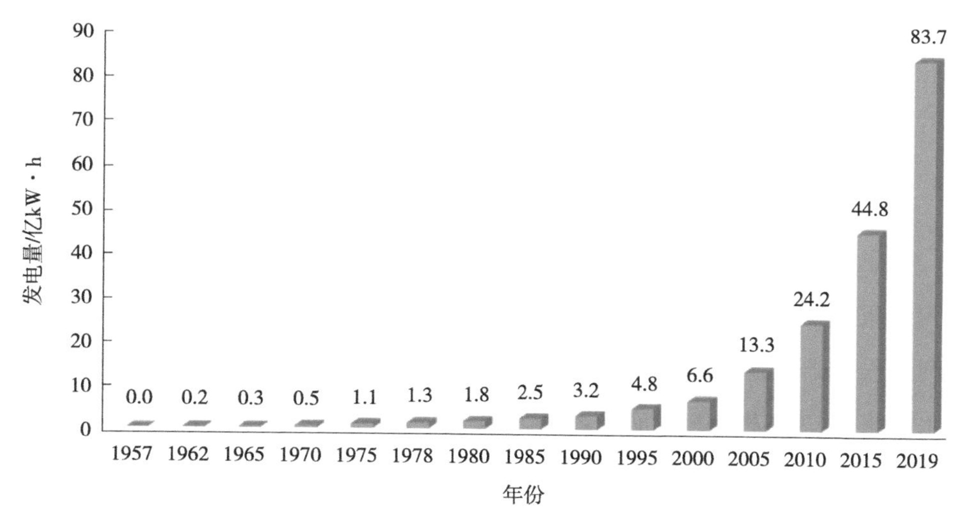

图 4-22　西藏自治区发电量变化

数据来源：《新中国六十年统计资料汇编》（1952—2005 年）；《西藏统计年鉴》（2010—2019 年）。

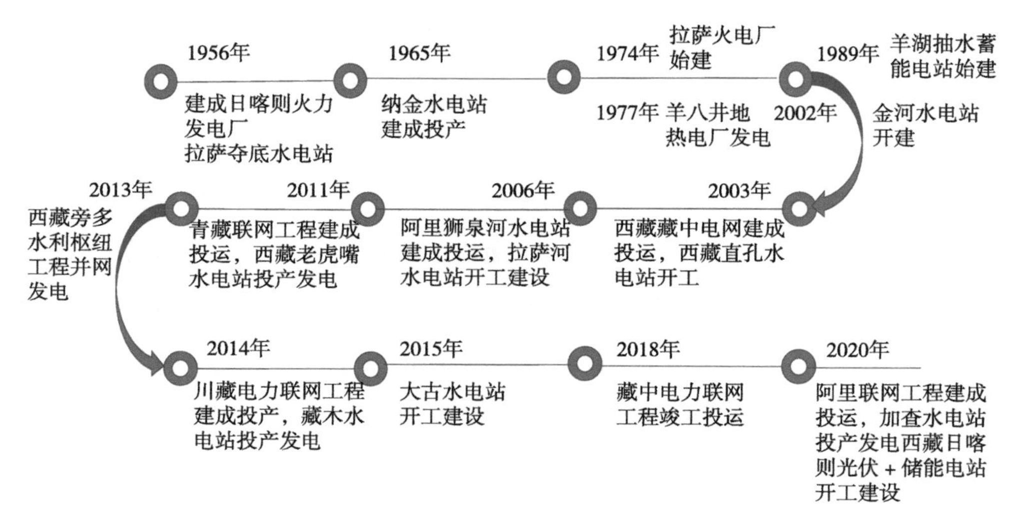

图 4-23　西藏自治区电力发展大事记

近年来，西藏致力于电力外送促进资源优势转化，西藏电网逐步打通丰水期藏电外送通道，从优化电网运行方式、拓展区外市场消纳等多方面确保西藏电网外送电量持续提升。截至 2020 年年底，西藏电网已累计实现藏电外送超 65 亿 kW·h。与此同时，深度贫困地区电网建设任务全面完成，保证了西藏各族人民群众生产生活用电需求，实现了从“用上电”到“用好电”的转变。

二、水利设施发展

青藏地区水利工程基础设施建设相对滞后，尤其是大型的控制性、骨干性工程严重不足，从而对于西部地区的水利调控保障能力较差。经过多年建设，水利工程基础设施得到了良好的发展，尤其是 20 世纪 90 年代以来，青海和西藏水利事业快速发展，政府不断加大水利建设资金投入，兴建各项水利工程，完善水利网络，进而推动了青藏地区的巨大社会进步，确保了经济健康有效运行。

青海省降水稀少，时空分配不均，东南降水多于西北，山区降水量大于平原，水资源总量较丰富但是开发利用难度大，水资源质量总体较好，但是湟水干流存在污染问题，水资源开发利用程度和用水效率偏低。

新中国成立之初，青海东部农业区有 40% 以上群众因长年吃苦水、窖水、河水、涝坝水而导致肠道寄生虫病等多种地方病流行。全省大部分地区“十年九旱”，旱灾面积大。从国家“第一个五年计划”起，推行“重视防旱，大力兴修小型水利，挖渠凿井，推广水车，整修旧渠，扩大灌溉面积”政策，建设了农灌渠道、涝池、电灌站、机灌站、农灌用水井等。20 世纪 60—80 年代，青海水利事业稳步发展，在修建农渠水库、扩大灌溉面积的同时，进行水土流失治理。

进入 21 世纪，“引大济湟”（大通河水引入湟水流域）工程开工建设，青海省结束了无大型骨干控制性工程的历史。“十二五”（2011—2015 年）期间是青海省水利发展快、水利投资大、农牧民群众从水利建设中得实惠多的时期。湟水北干渠扶贫灌溉二期、李家峡水库等国家节水供水重大水利工程项目的实施，使饮水安全问题得以解决，贫困地区集中供水率达 80%，自来水普及率达 70%。

“十三五”期间，基本形成了“东西部开源节流、南北部保护修复”的水利发展新格局。2019 年《青海省实施河长湖长制条例》立法工作启动，保护江河之源，为打造生态文明高地、推动经济高质量发展提供可靠的水安全保障。

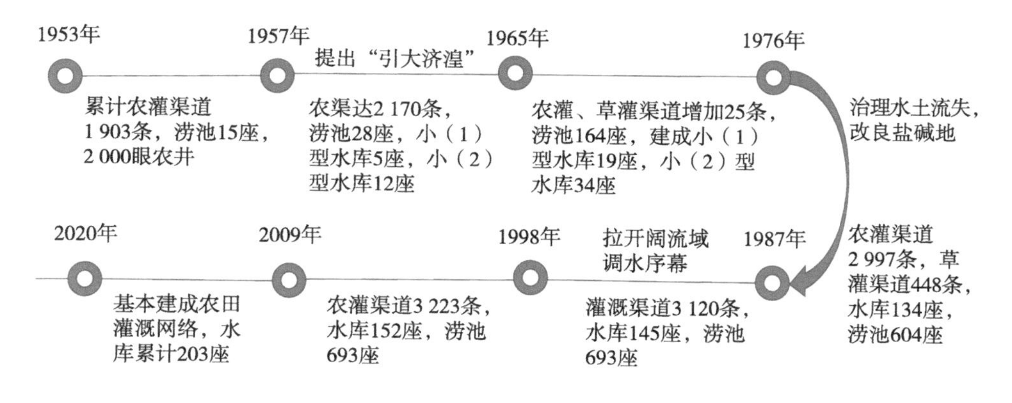

图 4-24　青海省水利发展大事记

西藏水资源及水能理论蕴含量均高居全国各省之首，但是未得到有效利用。新中国成立之初，西藏水利基本处于空白状态，城乡防洪基本处于不设防状态。新中国成立 70 多年以来，西藏水利事业经历了从无到有、由弱至强的发展过程。

1978年，西藏对雅鲁藏布江的支流年楚河进行综合治理。1991年，国家投入巨资对雅鲁藏布江及其支流拉萨河、年楚河流域的“一江两河”中部流域18个县，以水利建设为龙头，实行改造中低产田、植树种草、山水田林路综合开发。通过第三次西藏工作座谈会（1994年），决定了援藏建设64项工程，其中又以满拉水利枢纽工程投资最多、规模最大，现已成为西藏水利建设标志性工程。

进入“十五”时期以后，先后建设一批水源工程，建成了满拉、墨达、雅砻三大灌区，并建成76个万亩以上灌区，保障了拉萨河、年楚河、雅砻河流域这3个西藏粮食主产区的灌溉用水，极大改善了农牧业生产条件。并通过实施小型农田水利基础设施建设，解决分散的、偏远县农田灌溉的问题。21世纪10年代以来，重大水利建设明显加快，实施城市防洪项目，开展山洪灾害防治，完成病险水库除险加固任务。近几年，重点解决贫困地区农牧民群众的饮水安全、灌溉保障、防洪等方面的问题。

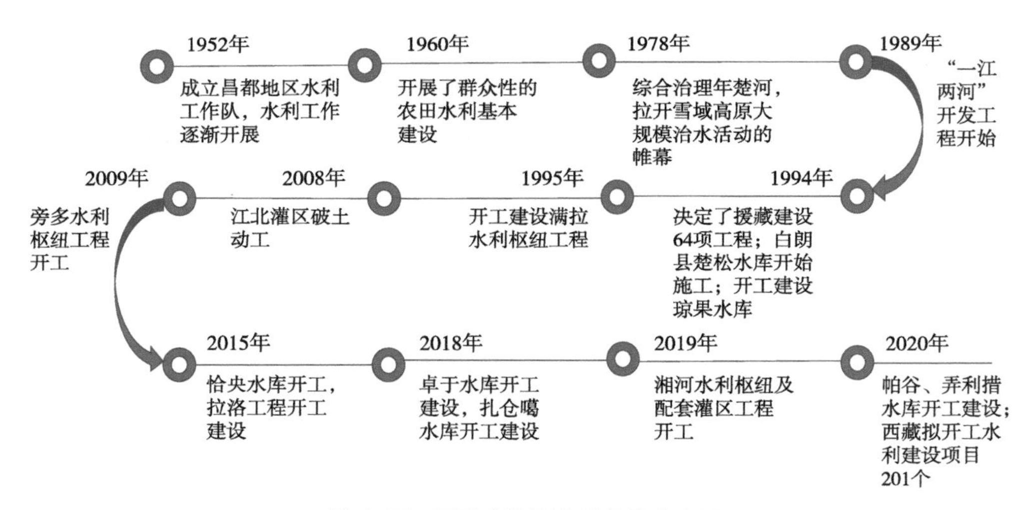

图4-25　西藏自治区水利发展大事记

三、交通线路发展

作为“世界第三极”，青藏高原交通线路的发展受到自然条件和地广人稀特点的限制。高原的现代交通运输（包括公路、铁路、航空和管道）于20世纪

50 年代开始建设和发展，经过数十年的发展初步形成了运输网络，但其规模和结构依然较落后。进入 21 世纪后，现代交通运输及其网络加快发展，尤其是铁路和航空运输线路发展较为迅速。

新中国成立以前青藏地区的交通运输长期处于落后状态，公路路线少、里程短、路面质量低劣，不能保证正常通车，特别是广大牧区，只有简易路。20 世纪 50 年代—70 年代，开始修建以拉萨、西宁、格尔木为中心的公路网，形成以青藏、川藏、新藏、滇藏等干线公路为骨干，联结各县的公路运输网，还修建了一些战备公路，1967 年中尼公路全线贯通。到 20 世纪 80 年代，西藏公路通车里程超过 2 万 km，且能四季畅通，青海的通车里程近 1.7 万 km，全区的公路建设逐步进入了提高质量、整治病害、以管养为主阶段。

2002 年，平西高速公路全线建成通车，青海有了第一条高速公路；随后西宁至大通等多条高速公路陆续建成。2013 年，西藏墨脱县正式摆脱“全国唯一不通公路县”的历史。目前，青藏地区基本形成了以国省干线为骨架、农村公路为脉络的公路网络。东连四川、云南，西接新疆，北连甘肃，南通印度、尼泊尔，地市互通、县乡连接的公路交通网络。2020 年，青海、西藏的公路运输线路长度分别达到 73 639 km 和 98 677 km，青海的高速公路 3 451 km。

如今，历史上的河湟古道已发展成为“新丝绸之路”亚欧大陆桥的重要连接线和西部省际大通道；历史上的羌中道，已发展成为青新及内地与南疆交通联系的捷径青新公路；昔日的唐蕃古道，已发展成为国家重要的国道主干线和青藏联系的纽带；古老的党项古道，已发展成为省会西宁连接青南四州和青海南达藏、川、云等省（区）的省际大通道。

青藏地区的铁路建设，始于 1958 年 4 月修建兰青铁路。至 1962 年青藏地区全区铁路通车里程仅为 205 km。到 20 世纪 70 年代中期，青海铁路的修建步伐加快，先后修建了 4 条铁路支线即宁大、海湖、柴达尔、茶卡支线和多条厂矿专用线。青藏铁路是通往西藏腹地的第一条铁路，也是世界上海拔最高、线路最长的高原铁路，分为两期修建，于 2006 年全线通车。到 2020 年，青海、西藏的铁路运输线路长度分别达到 2 975 km 和 785 km。

和铁路一样，20 世纪 50 年代以前，青藏高原地区的民用航空业是空白。“欧亚航空公司”于 1939 年开辟的西宁—兰州航线仅是昙花一现。1956 年中国民航西宁站成立；同年在海拔 4 200 m、拉萨以北 180 km 的当雄建成世界最高的机场，“空中行宫”号客机首次试航拉萨成功。20 世纪 60 年代开辟了北京—成都—拉萨航线、拉萨—格尔木—兰州、拉萨—西安等航线。但机场年旅客吞吐量很小，仅千余人次。进入 20 世纪 90 年代，青藏地区的航空事业发展快速，民航线路格局已基本形成，以西宁市和拉萨市为中心，辅以多个地方性机场，开通多条国际国内航线。

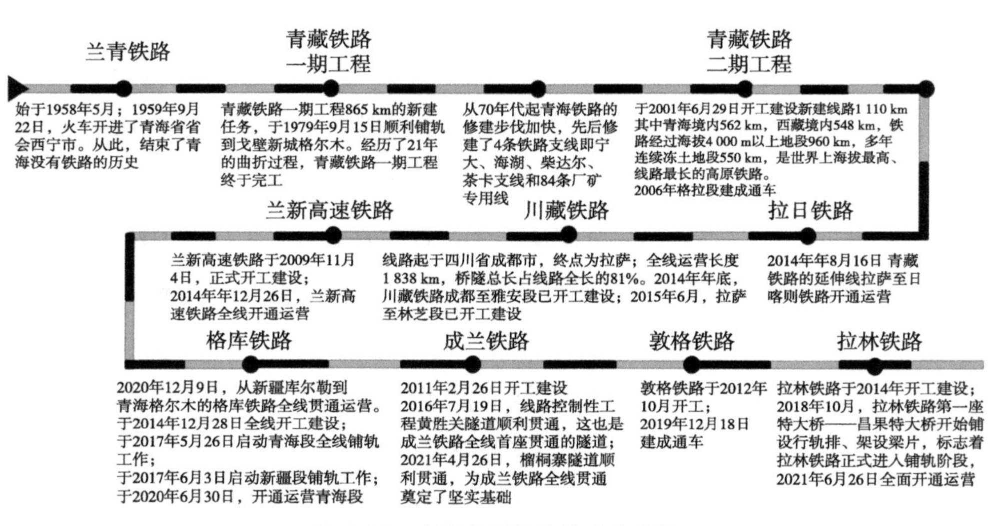

图 4-26　青藏高原铁路修建大事记

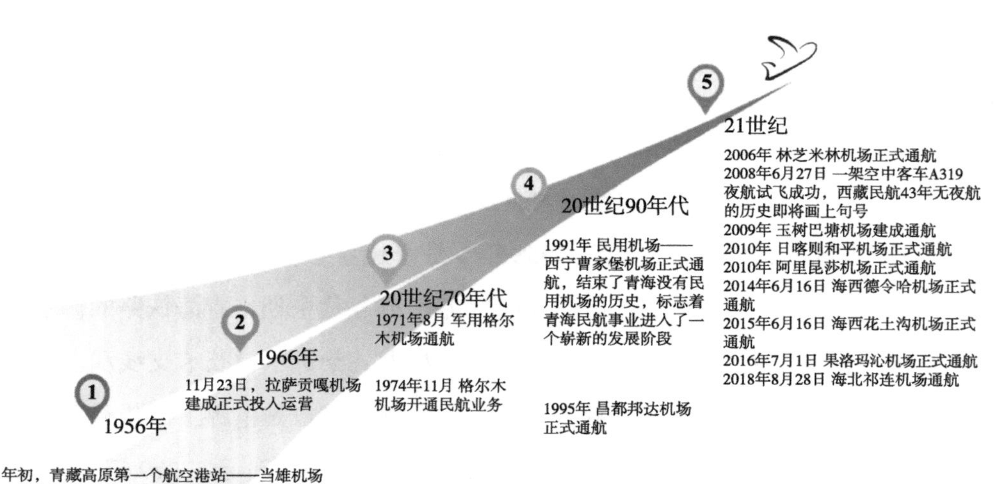

图 4-27　青藏高原机场修建大事记

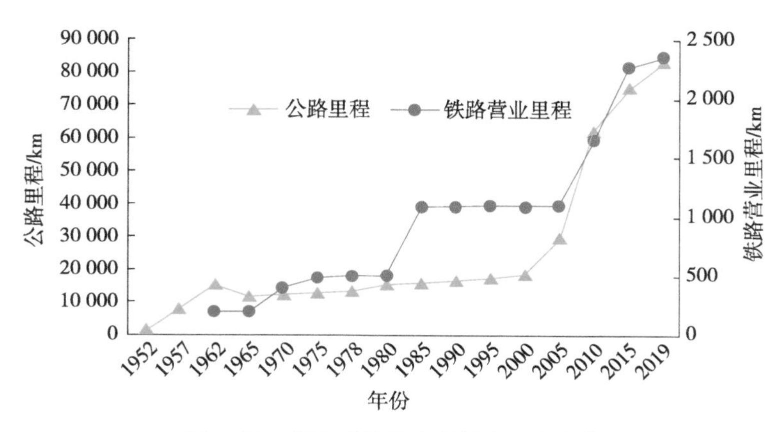

图 4-28　青海省地面交通线路里程变化

数据来源：《新中国六十年统计资料汇编》（1952—2005 年）；《青海统计年鉴》（2010—2019 年）。

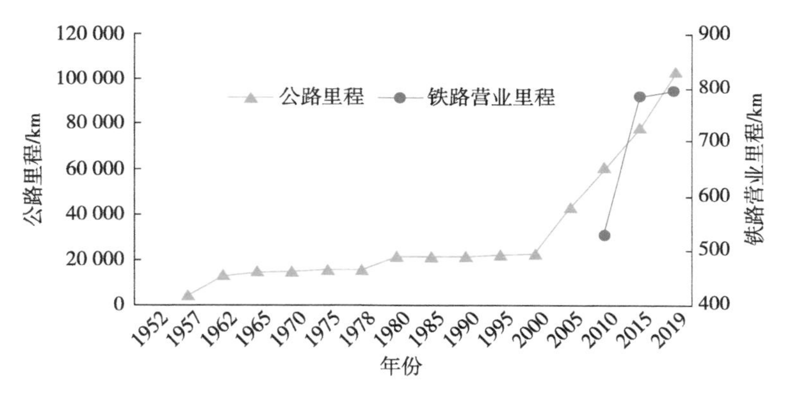

图 4-29　西藏自治区地面交通线路里程变化

数据来源：《新中国六十年统计资料汇编》（1952—2005 年）；《西藏统计年鉴》（2010—2019 年）。

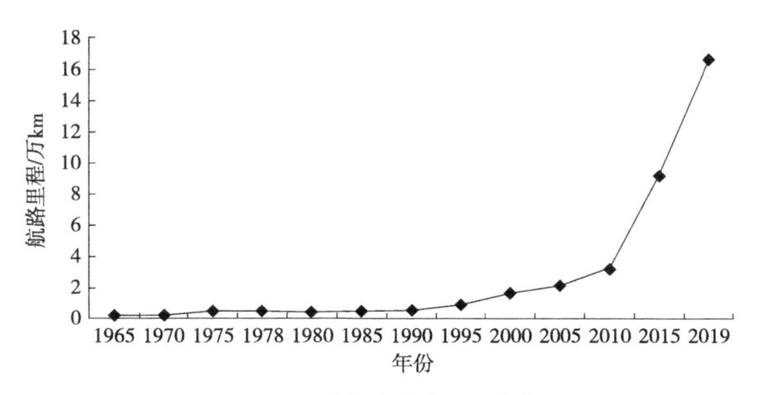

图 4-30　青海省航路里程变化

数据来源：《新中国六十年统计资料汇编》（1952—2005 年）；《青海统计年鉴》（2010—2019 年）。

第四节 生态环境保护

青藏高原是中国乃至亚洲重要的生态安全屏障，是中国生态文明建设的重点地区之一。2018 年国务院新闻办公室发表的《青藏高原生态文明建设状况》白皮书中指出青藏高原生态文明建设仍然面临诸多挑战。突出表现在：受全球气候变化影响，冰川退缩、冻土消融、自然灾害风险加大的威胁依然存在。经济发展过程中，保护与发展的矛盾仍然突出。因此巩固和提升青藏高原生态文明建设成果的任务依然艰巨。

现代人类活动除了利用和改造自然，也有意识地保护自然。建立自然保护区是国际上公认的保护典型生态系统和生物多样性、拯救珍稀濒危野生动植物的有效手段。青藏高原自 1963 年建立第一个国家级自然保护区（白水江国家级自然保护区）后，历经早期的初建（1963—1974 年）、停滞（1975—1979 年）、起步发展（1980—1992 年）的阶段，自 20 世纪 90 年代进入快速发展、稳固完善的时期。

青藏高原建成了以高原中部（超大型国家级自然保护区）和东南部（国家级与省级自然保护区）分布为主体、以独特和脆弱生态系统及珍稀物种资源等保护对象类型多样为特点的青藏高原自然保护区体系，空间布局较为合理。与青藏高原丰富多样的生态系统相对应，已建成的国家级和省级自然保护区涵盖了青藏高原主要的生态系统类型。其中，高寒草甸、高寒荒漠和高寒草原的分布面积较大，农田、阔叶林和混交林等生态系统类型的分布面积相对较少；从保护高原代表性的特有与珍稀或脆弱生态系统类型角度看，保护高寒草甸、高寒湿地和高寒荒漠草地等生态系统及其独特完整的垂直地带的作用尤为突出。

青藏高原自 1963 年建立第一个国家级自然保护区（白水江国家级自然保护区）后，经过多年的努力，已逐步形成以超大型保护区为主、空间布局较为合理、保护类型较为齐全的高原自然保护区体系。截至 2019 年高原内国家级自然保护区占全国的 14.8%，其中，湿地公园占全国的 2.8%，国家级森林公园占全国的 4.3%，国家级风景名胜区占全国的 4.1%，国家地质公园占全国的 6.8%。

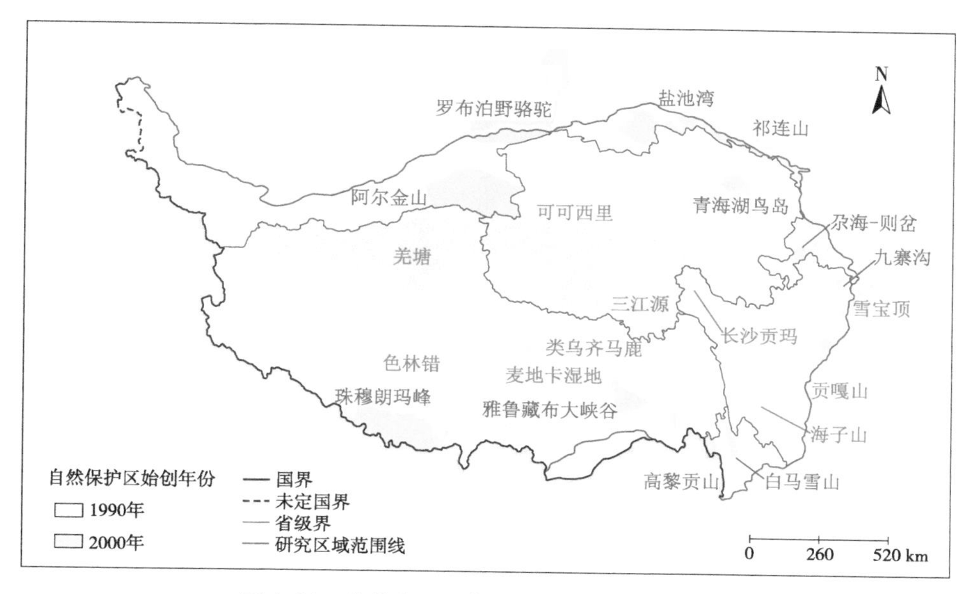

图 4-31　青藏高原国家级自然保护区分布情况

在建立的各级各类自然保护区中，青藏高原的自然保护区面积占全国自然保护区面积的 56.7%，国家级自然保护区面积占全国的 73.4%。共计 196 个自然保护地。几个特大型自然保护区（羌塘国家级自然保护区、可可西里国家级自然保护区和三江源国家级自然保护区）连成一片，面积之大世界罕见。自然保护区的建立有助于增加珍稀濒危物种数量，并重新发现了濒危物种西藏马鹿等，使野生动物的栖息地得到恢复，并增强了高寒草原生态服务（张镱锂 等，2015），在改善青藏高原生态状况和维护土地生态安全中发挥了重要的作用。

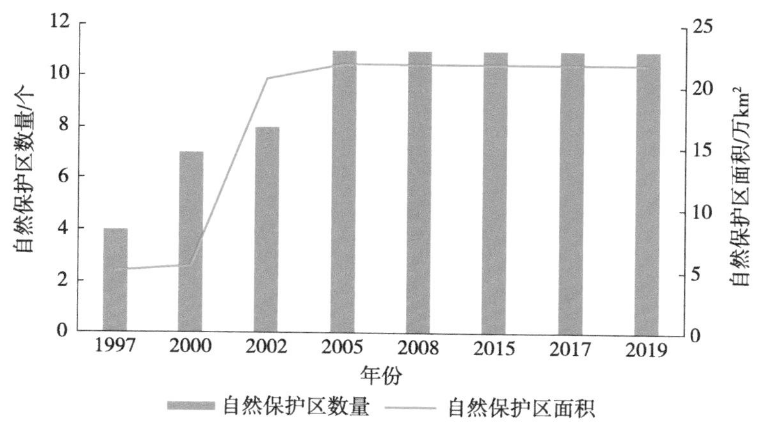

图 4-32　青海省国家及省级自然保护区数量及面积变化情况

数据来源：https：//d.qianzhan.com/.

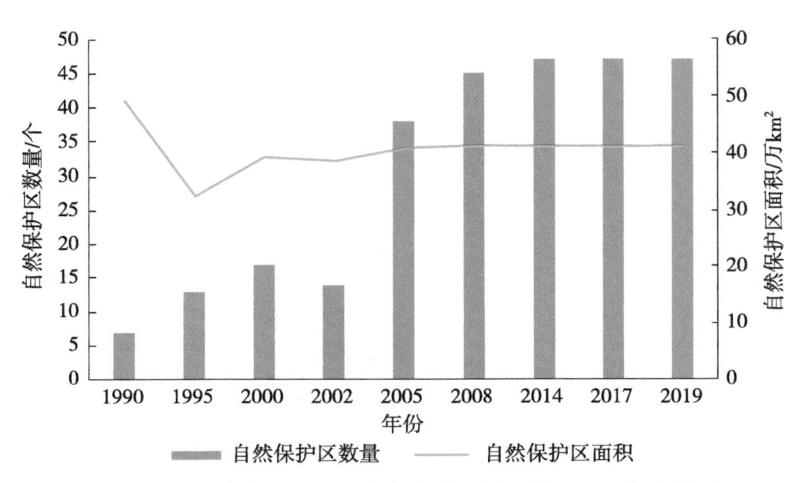

图 4-33　西藏自治区国家及省级自然保护区数量及面积变化情况

数据来源：https：//d.qianzhan.com/.

目前，青藏高原自然保护地体系正在向推进建立以国家公园为主体、自然保护区为基础、各类自然公园为补充的自然保护地体系转变。2016 年，国家正式批准《三江源国家公园体制试点方案》，这是中国第一个国家公园体制改革试点。10 个国家公园试点中，青藏高原有 2 个，分别是祁连山和三江源。2021 年 10 月，公布了第一批正式设立的 5 个国家公园。其中三江源国家公园，保护面积 19.1 万 km^2。实现长江、黄河、澜沧江源头的整体保护，是“地球第三极”青藏高原高寒生态系统保护的基础。

第五章

青藏高原人类活动结构分异特征

由于青藏高原自然地理的特殊性和生态环境的脆弱敏感性，容易受到人类活动的扰动影响。区域内严酷恶劣的农业资源开发利用条件和有限的生存居住生活空间，客观决定了青藏高原地表资源利用的主体方式、民族经济发展的核心支柱是农牧业。因此在本章中，认为农牧业活动是高原最主要的人类活动形式，并主要选择农牧业用地、生产集约度和农产品产出三方面来评价；城乡建设主要选择城镇化发展、工矿业活动、旅游业发展和重大设施工程建设四方面来评价；生态保护与建设主要选择自然保护区分布、重大生态工程实施范围及投资三方面来评价。

第一节　农牧业活动

一、农牧业用地分布及变化

（一）耕地空间分布及动态变化分析

青藏高原地区耕地分布较少，现有耕地总面积为278.41万hm^2（图5-1）。农业则以河谷农业为主，主要的农作物是青稞。2018年，青藏高原地区青稞的种植面积占全国的98.4%，青稞产量占全国的98.2%，其中西藏是最大的青稞产区，其种植面积和产量分别占全国的53.2%和58.1%（刘雨涵　等，2022）。雅鲁藏布江、年楚河、拉萨河（简称“一江两河”）中部流域地区，是西藏自治区的腹心地区和粮食重要产区。“一江两河”区域聚集了西藏主要农作物种植区，其土地面积仅占自治区总面积的5.5%，而却集中了自治区约60%的耕地（关卫星　等，2012）。

在空间分布上，根据青藏高原耕地空间分布情况可以发现，青藏高原耕地主要分布在东北部以及西南区域，即主要分布在西宁和拉萨的人口密度较高的区域（图5-1）。此外，东南部的四川和云南两省所在的青藏高原区域也有部分耕地分布，而青藏高原的西北部则仅有极少的耕地分布其中。呈现出如此分布情况的原因可能在于，该地区属于青藏高原较湿润地区，水热等气候条件较好，为高寒草甸的重要分布区域，同时该区域海拔较西北部低缓，生态环境本底状况较为优越，属于农牧民活动集中区，因此耕地分布较多。

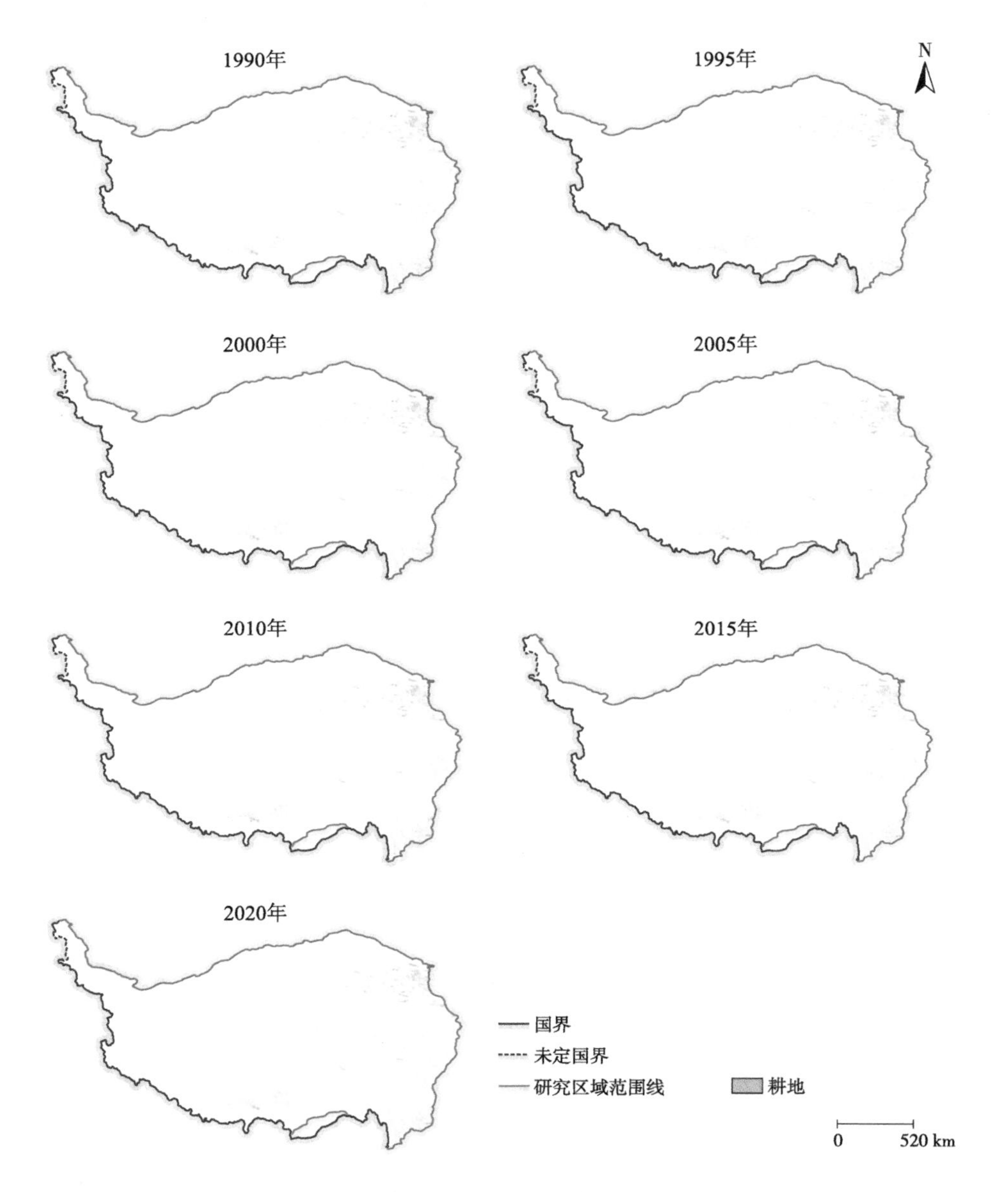

图 5-1　1990—2020 年青藏高原耕地空间分布

从时间变化趋势上来看，青藏高原耕地总量呈现出波动式上升的趋势（图 5-2），耕地面积由 1990 年的 226.21 万 hm^2 增长至 2020 年的 278.41 万 hm^2，增长幅度达 23.06%。其间，1995 年耕地面积较 1990 年增长至 236.92 万 hm^2，而从 2000 年开始，耕地面积表现出下降的趋势，2000 年耕地面积略微下降至 236.01 万 hm^2，2005 年则继续降低至 226.22 万 hm^2。由 2010 年开始，青藏高原耕地面积又呈现增长的趋势，此时耕地面积增长至 248.88 万 hm^2，2015 年则继续增长至 263.63 万 hm^2，到 2020 年耕地面积达到最大值，为 278.41 万 hm^2。

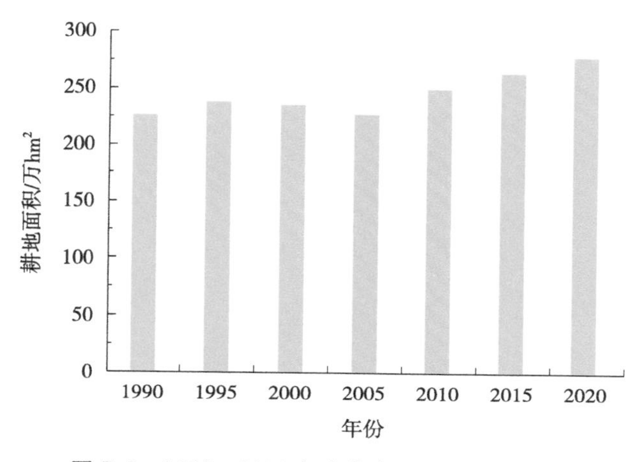

图 5-2　1990—2020 年青藏高原耕地面积变化

青藏高原是北极和南极之外最大的淡水储存库，同时是我国乃至整个亚洲生存和发展用水的重要提供者。作为淡水的仓库和地球十大河流系统的源头，在雨水灌溉和灌溉农业、潜在水电等方面发挥着重要作用，其有效灌溉面积对于青藏高原农牧业发展也尤为重要（沈大军　等，1996）。从空间分布来看（图 5-3），青藏高原有效灌溉面积呈现东部西宁周边县域、北部新疆各县以及东南部四川和云南部分县域较高，中西部西藏自治区大部分县域有效灌溉面积较低但拉萨市及周边区域稍高的分布趋势。其中，青藏高原北部的新疆县域总体呈现出逐渐增加的趋势，尤其是西北部的和田县增加明显，若羌县则表现出先增加后减少之后又增加的趋势；青海省西部县域如格尔木等呈现出逐渐增加的趋势，其余县域则相对稳定，但西宁市及周边县域出现小幅度下降趋势，到 2020 年更是低于 0.5 万 hm^2；西藏和甘肃各县的有效灌溉面积较为稳定；青藏高原东南部区域的四川和云南部分县域有效灌溉面积较本省其他县较大，且呈现逐渐增长的趋势。

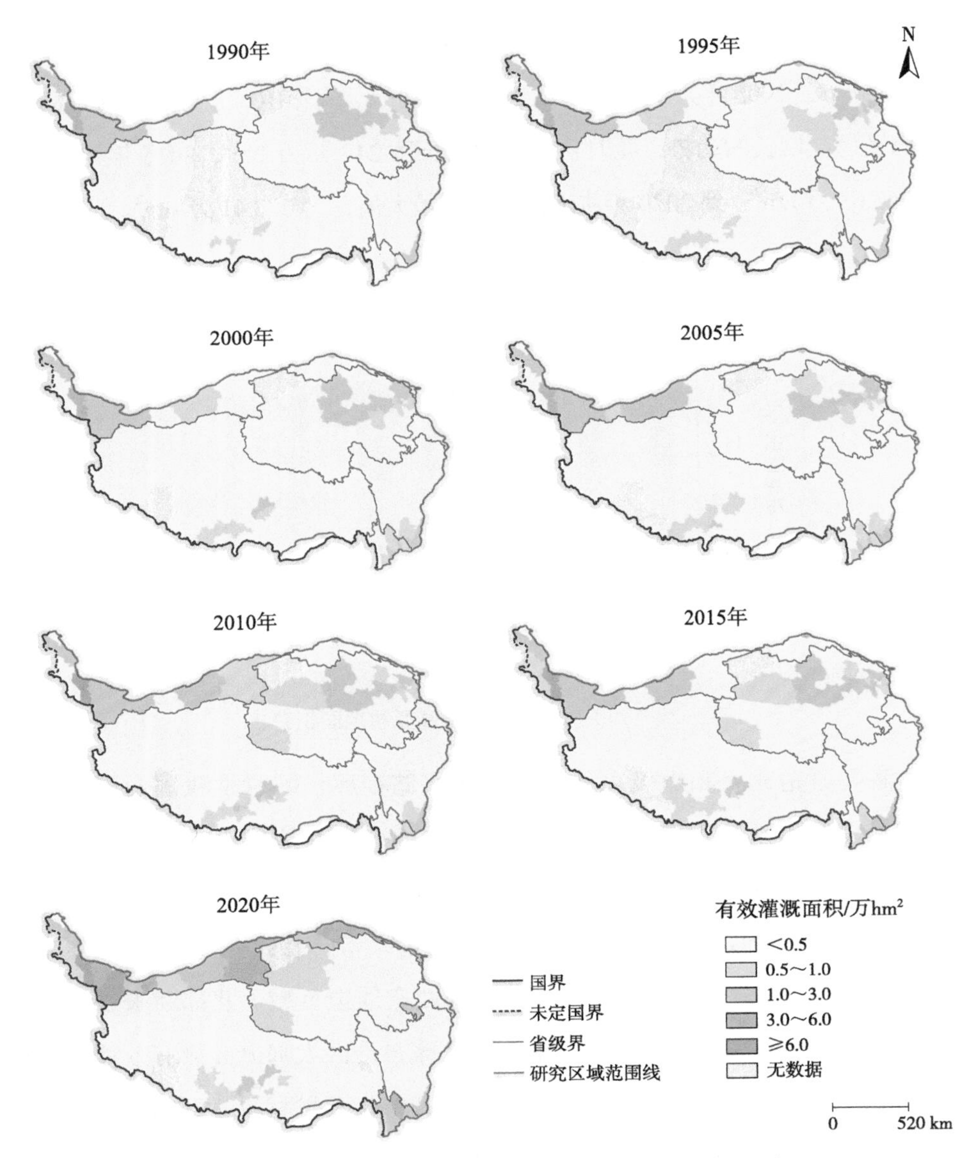

图 5-3　1990—2020 年青藏高原有效灌溉面积空间分布

从时间变化趋势上来看，青藏高原有效灌溉面积总体呈现出持续上升的趋势（图 5-4），仅 2005 年稍有下降，有效灌溉面积总量由 1990 年的 107.74 万 hm^2 增长至 2020 年的 148.66 万 hm^2，增长幅度达 37.98%。30 年间，有效灌溉面积呈现“先增后降低再反弹”的变化趋势，自 1990 年持续增长至 2000 年的 130.51 万 hm^2；2005 年首次出现下降的趋势，但下降幅度较小，有效灌溉面积降为 129.87 万 hm^2；自 2010 年开始出现反弹，有效灌溉面积增长至 142.34 万 hm^2，较2005年增长9.60%，2015年继续增长至148.12万hm^2，2020年有效灌溉面积呈现小幅度增长，较2015年仅增长了0.54万hm^2。

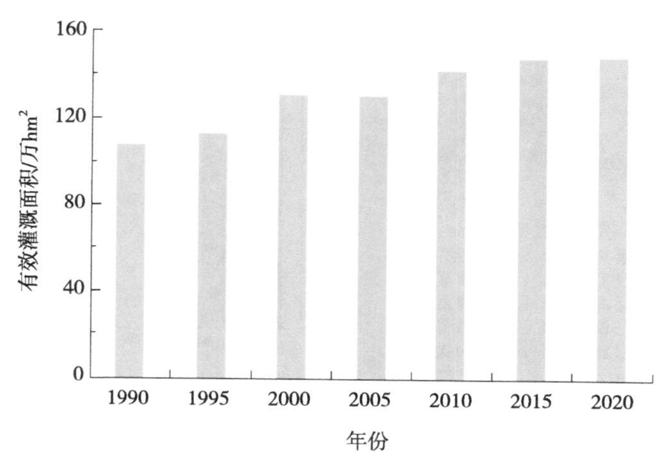

图5-4 1990—2020年青藏高原有效灌溉面积总量变化

（二）草地空间分布及动态变化分析

草地生态系统是陆地生态系统的主体，对于全球能流、物流与信息流的循环具有重要作用（陈钟，2010；任强 等，2021）。青藏高原是我国天然草地面积最大的自然生态区，天然草原面积约占全国草原总面积的1/3，是我国乃至全球重要的畜牧业基地（班洁，2017；张江 等，2020）。青藏高原牧草资源丰富，植被类型主要以莎草科和禾本科为主。高原天然草地从东向西呈梯度分布着高寒草甸、高寒草甸草原、高寒草原、高寒荒漠草原和高寒荒漠等类型。此外，还零星分布有温性荒漠、温性荒漠草原、低地盐化草甸、山地草甸和温性草原等（图5-5）。在空间分布上，青藏高原的东南部以及东北部的甘肃省部分区域主要以高寒草甸分布为主，青藏高原的中西部地区主要分布类型为高寒草原，西藏自治区北部地区分布有部分高寒荒漠草原，其余草地类型交错分布其中。从各类草地类型面积上可以发现，高寒草甸和高寒草原类型是高原主导类型，面积占比70.93%，其中高寒草甸面积达62.94万km^2，占全区天然草原总面积的42.53%，接近一半；高寒草原面积仅次于高寒草甸达42.03万km^2，占全区天然草原总面积的28.40%；其余草地类型面积相较于前两者则相对较少，占比不足30%，主要草地类型面积由大到小依次为高寒荒漠草原＞山地草甸＞高寒

草甸草原 > 高寒荒漠 > 温性草原 > 温性荒漠 > 低地盐化草甸 > 温性荒漠草原。

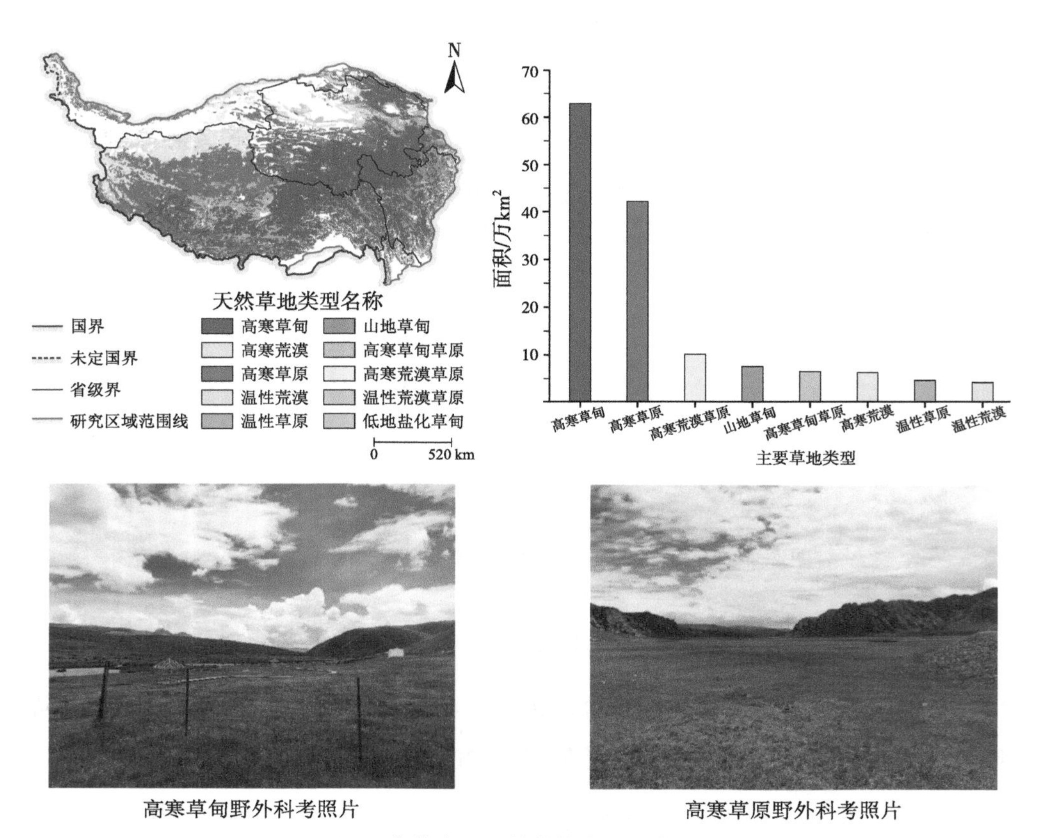

图 5-5　青藏高原天然草地空间分布及面积

基于对人工种草现状的调研和统计，2020 年青藏高原区域内人工草地种植面积显示（图 5-6），人工草地面积较大的区域主要分布在青海省东部地区的玛多县、达日县、贵南县等县域。西藏自治区各县的人工草地面积则大多小于 0.2 万 hm^2，其中西藏自治区南部的部分县域，如桑珠孜区、林周县、桑日县区域的人工草地面积较其他县稍大，人工草地面积分别为 0.74 万 hm^2、0.45 万 hm^2、0.43 万 hm^2。对于青藏高原的 6 个（省、自治区）来说（图 5-6），2020 年人工草地面积最大的是甘肃省部分，人工草地面积达 70.26 万 hm^2，其次是青海省，人工草地面积为 18.35 万 hm^2，新疆部分、云南部分和西藏自治区的人工草地面积接近，分别为 9.22 万 hm^2、8.53 万 hm^2 和 8. 57 万 hm^2，四川部分的人工草地面积最少，仅为 0.44 万 hm^2。

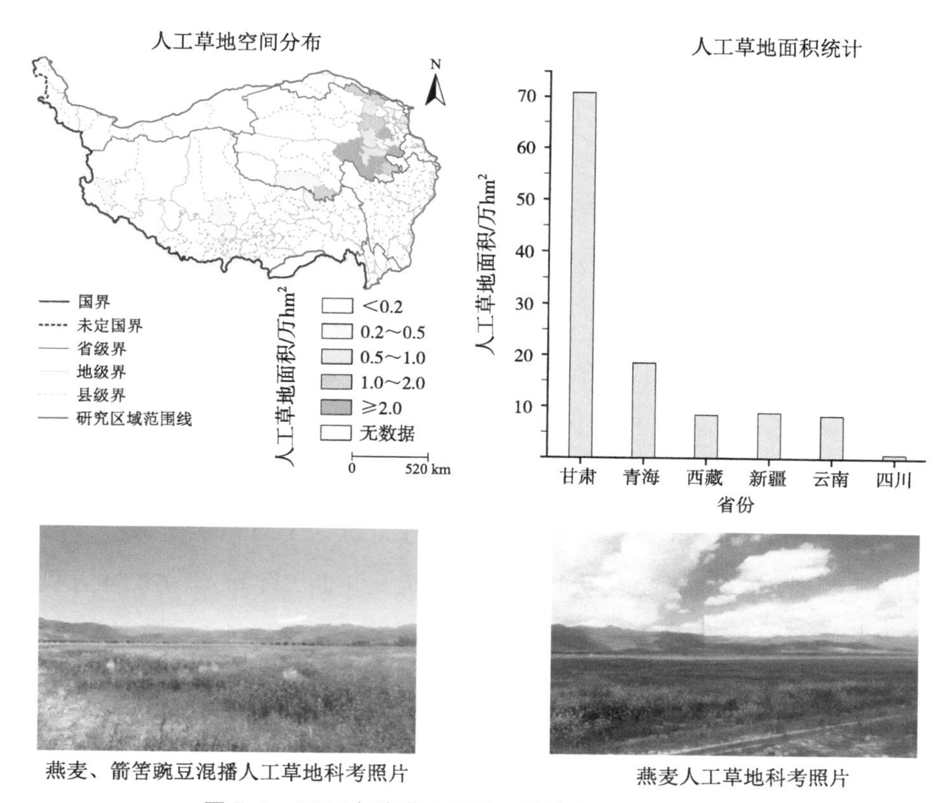

图 5-6　2020 年青藏高原人工草地空间分布及面积

二、生产集约度演变规律

（一）家畜数量变化及空间分布特征

青藏高原是中国五大牧区之一，是世界上最大的生态放牧系统之一，高寒草地畜牧业是牧民经济收入的主要来源（王立景 等，2022），放牧是青藏高原最主要的人类扰动方式之一。对家畜数量变化及空间特征的分析，有利于了解放牧活动对草地生态系统的影响，并可为高原生态环境的保护和管理提供科学参考（吴雪 等，2021）。高原家畜种类主要以牦牛和藏系羊为主，其中，牦牛是分布在以青藏高原为中心及其毗邻的高山、亚高山地区的特有珍稀牛种。据统计，目前青藏高原约有牦牛 1 600 万头，占全国牦牛总数量的 90% 以上（刘雨涵 等，2022）。

2020 年，青藏高原牲畜总量为 6 707.24 万头（匹 / 只），合计牲畜量为

14 740.90 万标准羊单位（sheep unit，SHU），其中大牲畜有 2 108.10 万头（匹/只），以牦牛和马为主，羊 4 599.14 万只，绵羊数量明显高于山羊（表 5.1）。从各省来看，青海省牲畜数量最高，为 4 679.50 万 SHU，占青藏高原总牲畜量的 31.75%，其中大牲畜有 667.20 万头（匹/只），羊有 1 343.50 万只，分别占青藏高原各类牲畜总量的 10.58% 和 21.30%。西藏自治区牲畜数量次之，为 4 231.38 万 SHU，占青藏高原总牲畜量的 28.71%，大牲畜 656.00 万头（匹/只），羊 951.38 万只，分别占青藏高原各类牲畜总量的 10.40% 和 15.08%。四川省总牲畜量为 3 241.60 万 SHU，占青藏高原总牲畜量的 21.99%，排名第三，其中大牲畜 493.2 万头（匹/只），羊 775.62 万只，分别占青藏高原各类牲畜总量的 7.82% 和 12.29%。新疆维吾尔自治区总牲畜量为 1 317.04 万 SHU，占青藏高原总牲畜量为 8.93%，其中大牲畜 129.30 万头（匹/只），羊 670.54 万只，分别占青藏高原各类牲畜总量的 2.05% 和 10.63%。甘肃省牲畜量则为 763.48 万 SHU，占青藏高原牲畜总量的 5.18%，略高于云南省，其中有大牲畜 84.00 万头（匹/只），羊 343.48 万只，分别占青藏高原各类牲畜总量的 1.33% 和 5.44%。云南省总牲畜量折合标准羊单位为 507.90 万 SHU，占青藏高原牲畜总量的 3.45%，其中大牲畜 78.44 万头（匹/只），羊 115.90 万只，分别占青藏高原各类牲畜总量的 1.24% 和 1.84%。

表 5-1　青藏高原 2020 年各类牲畜数量年末存栏量

单位：万头、万只、万匹、万标准羊单位

省份	大牲畜	其中					羊	其中		折合标准羊单位
		牛	马	驴	骡	骆驼		山羊	绵羊	
青海省	667.20	652.30	12.60	0.80	0.50	1.00	1 343.50	63.50	1 280.00	4 679.50
西藏自治区	656.00	624.00	27.60	3.30	1.10	0.00	951.38	292.18	659.20	4 231.38
云南省	78.44	73.70	1.38	1.42	1.94	0.00	115.90	107.41	8.49	507.90
四川省	493.20	447.80	37.30	7.19	0.91	0.00	775.62	688.69	86.93	3 241.60
新疆维吾尔自治区	129.30	90.90	21.40	10.19	0.07	6.74	670.54	58.53	612.01	1 317.04
甘肃省	84.00	75.50	1.80	4.68	1.49	0.53	343.47	72.82	270.65	763.48
合计										14 740.90

注：云南、四川、甘肃、新疆等牲畜量数据由高原范围各县统计并按照面积分摊所得。

在空间分布上，青藏高原的家畜数量呈现出东部和南部地区高，西部和北部地区低的格局（图 5-7）。从县级尺度来看，西宁市周边地区以及拉萨市北部地区家畜数量最为集中。从动态变化上来看，西部和北部地区的家畜数量表现为先下降后升高并再次下降的情况，东部地区的家畜数量则逐年增高，而青藏高原南部的边缘地区则表现出逐年下降的趋势。

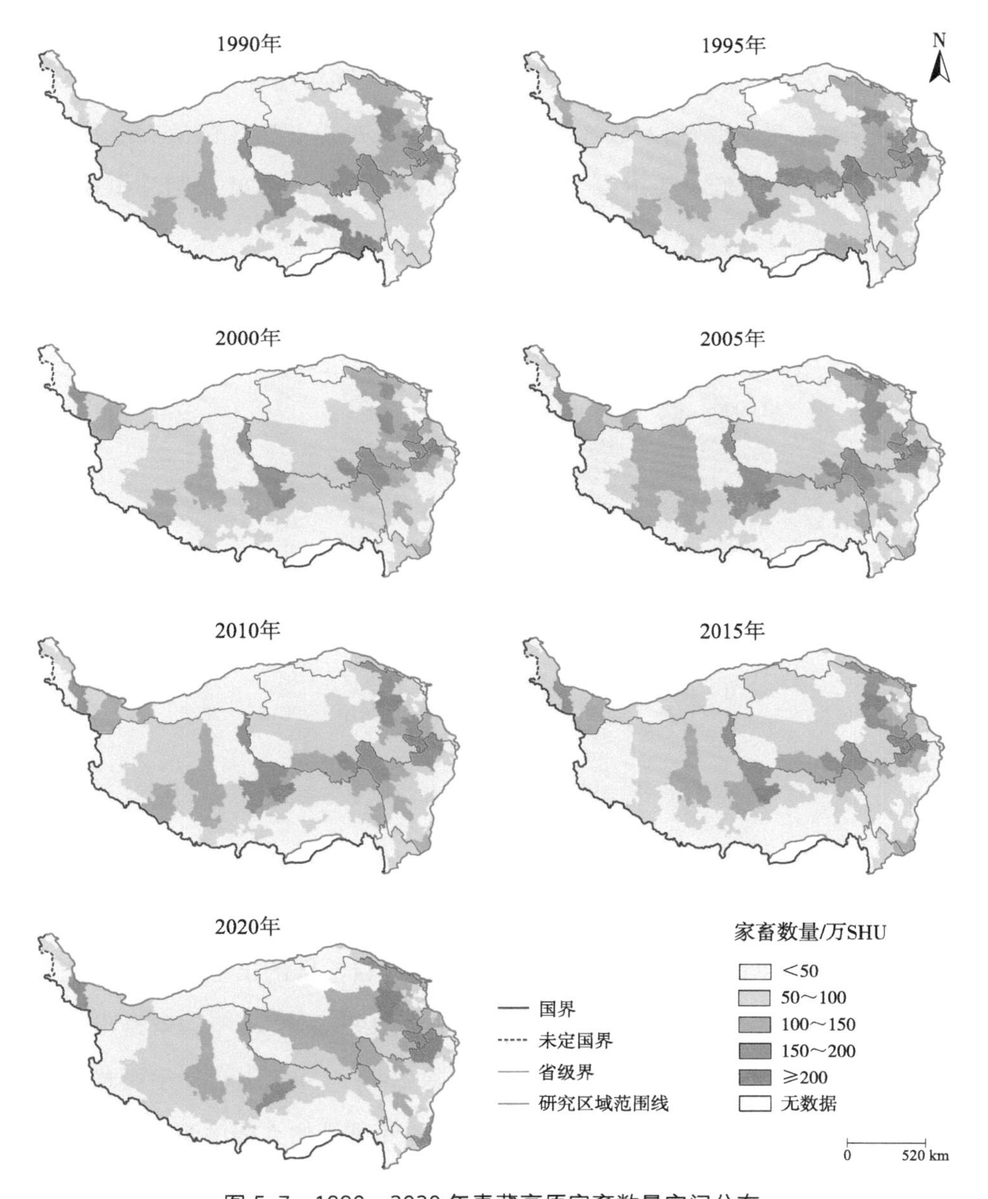

图 5-7　1990—2020 年青藏高原家畜数量空间分布

从时间变化趋势上来看，青藏高原的家畜数量呈波动式上升的趋势（图 5-8），由 1990 年的 12 827.61 万 SHU 增长至 2020 年的 14 740.90 万 SHU，增长幅度达 14.92%。结合空间变化情况可知，家畜数量总体有增长，但是西北部地区的家畜分布有所减少，原因可能在于“草畜平衡”“生态补偿”等政策的实施，以及智慧牧业等先进放牧理念的推广，导致舍饲的增加，并淘汰落后放牧产业，先进产业和技术随之扩大和升级，家畜主要集中在东部地区。其间，青藏高原 1995 年的家畜数量较 1990 年有所降低，此时家畜数量为 12 501.30 万 SHU，为 30 年最低值。但从 1995 年开始至 2010 年，家畜数量开始逐年增加，2000 年、2005 年、2010 年的家畜数量分别为 12 788.54 万 SHU、13 853.70 万 SHU、14 368.80 万 SHU。而 2015 年的家畜数量有所下降，为 13 814.56 万 SHU，2020 年则又出现回升，达历年最高值，为 14 740.90 万 SHU。

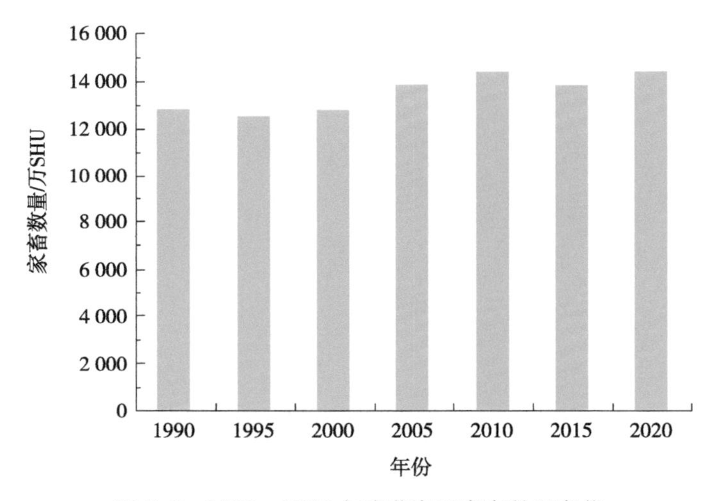

图 5-8　1990—2020 年青藏高原家畜数量变化

西藏自治区和青海省是青藏高原面积最大的两个行政区，也是整个青藏高原的重要牧区，从两个省 1990—2020 年的出栏数和出栏率可以发现（图 5-9），青海省的出栏数总体保持持续上升的状态，西藏自治区的出栏数则呈现先升高后于 2012 年开始持续下降的状态，其中青海省 1990—1998 年的家畜出栏数稍高于西藏自治区，之后直到 2013 年，其间除 2004—2006 年稍高于西藏自治区外，其余均低于西藏自治区的出栏数，从 2014 年则开始大幅度超越西藏自治区的家畜出栏数。这一点从出栏率上也可以反映出来，青海省的出栏率呈现持续上升的趋势，而西藏自治区的出栏率虽然一开始高于青海省但多年来呈波动的状态，1990—2005 年出栏率波动式上升，自 2005 年开始波动更加严重，且于 2009 年后出现持续下降的趋势，出栏率于 2014 年后低于青海省，出栏数也随之较青海省拉开较大差距。

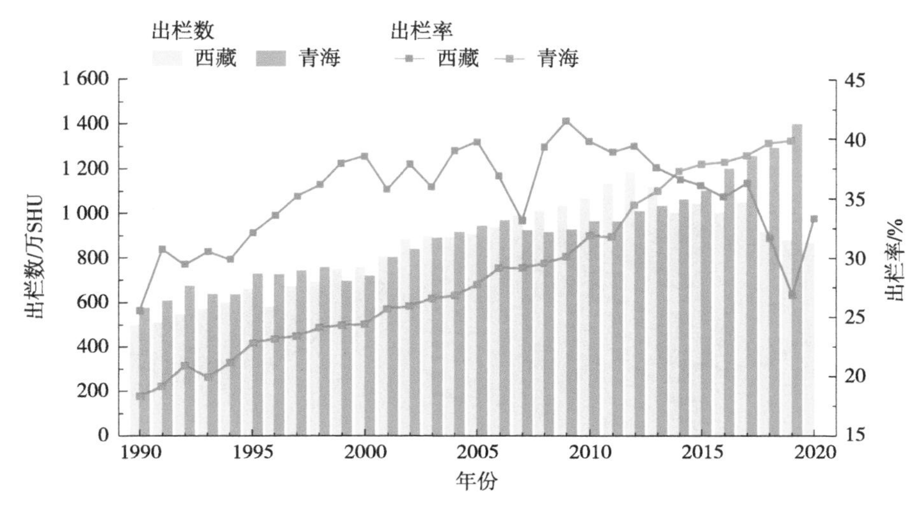

图 5-9　1990—2020 年西藏自治区和青海省（2020 年缺失）家畜出栏数和出栏率

（二）化肥施用量分析

近年来，随着我国农业发展水平的不断提高，化肥、农药、农用塑料膜的过量使用，是引发农业面源污染的重要原因。而农业面源污染会影响耕地资源的质量，加剧水体污染的风险，并直接影响农村生态环境，威胁着农产品安全（徐新良 等，2021）。因此，对青藏高原的化肥施用量、农药使用量以及地膜使用量进行统计分析意义重大，有助于对青藏高原地区的生态环境和农牧业活动进行综合评析。

从空间分布来看（图 5-10），青藏高原的化肥施用量呈现出青海省中西部地区、西宁周边地区、新疆地区以及青藏高原东南部四川和云南部分县域高其余地方低的空间分布格局。其中，青海省中西部地区尤其是治多县的化肥施用量一直处于较高状态，但从 2020 年的统计结果来看，治多县以及周围曲麻莱县等区域的化肥施用量有了明显的下降，这可能是因为自 2016 年启动了三江源国家公园的体制试点，对该区域的生态环境进行整治，化肥施用等人为影响也受到了较大管控；西宁周边地区的化肥施用量呈现先增加后于 2015 年开始降低的趋势，尤其是都兰县和德令哈市，其 2010 年的化肥使用量达到了最高值，但 2015 年以及 2020 年该区域的化肥施用量持续下降；类似的区域有新疆北部的且末县、民丰县等，也于 2010 年化肥施用量达到最大，之后则逐渐下降；青藏高原东南部的四川和云南部分县域则表现为先上升后逐渐稳定的趋势。

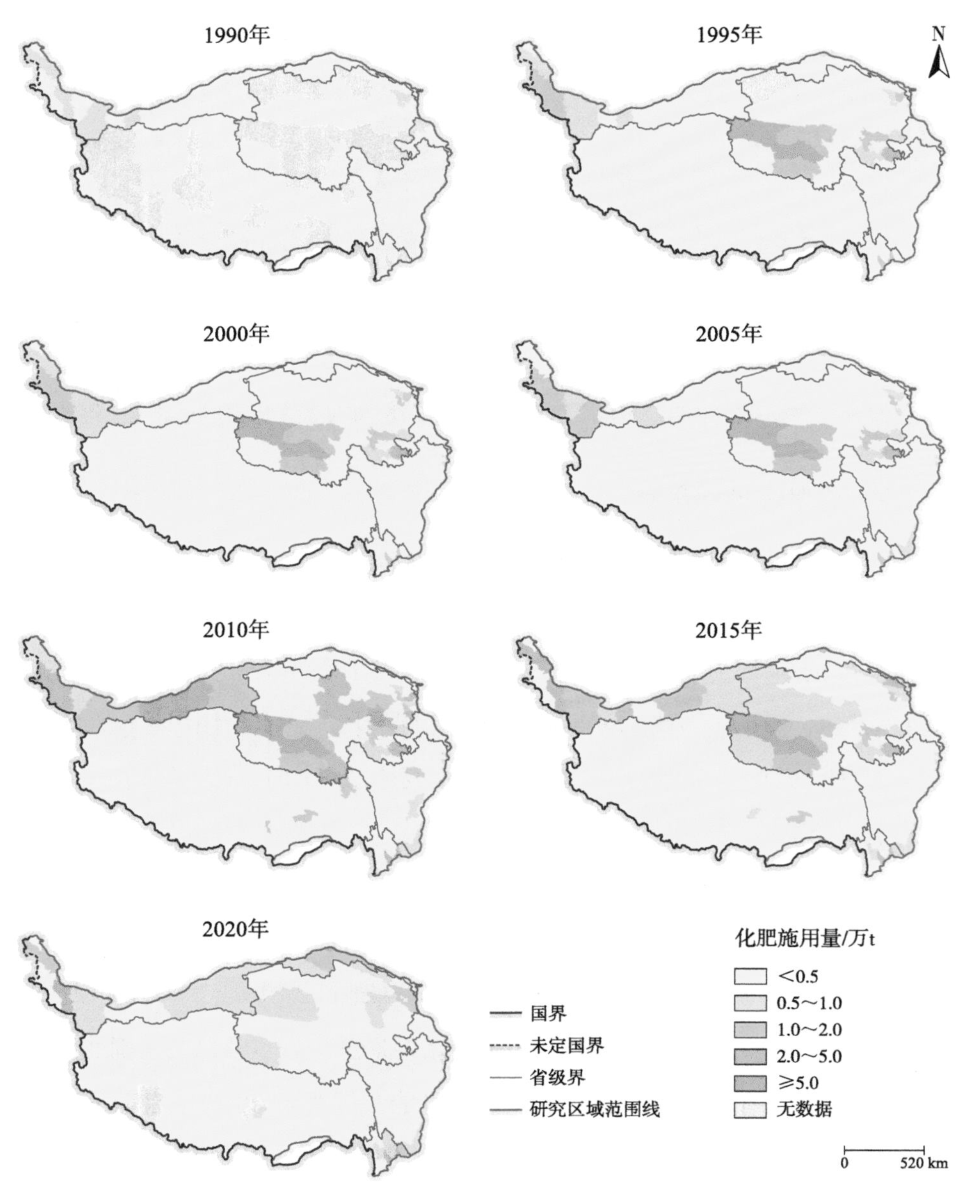

图 5-10 1990—2020 年青藏高原化肥施用量空间分布

从时间变化趋势上来看（图 5-11），青藏高原的化肥施用量总体呈现先升高后降低的趋势，化肥施用量从 1990 年的 31.25 万 t 增长至 2020 年的 101.06 万 t，增长了 2.23 倍。其间，1990—2000 年的化肥施用量持续上升，虽然 1990 年的数据缺失较多，但根据拟合结果可以推测 1990 年的化肥施用量少于 1995 年，2005 年的化肥施用量则呈现下降的状态，此时的化肥施用量为 75.73 万 t，而 2010 年开始则出现强势反弹，化肥施用量增长至 159.51 万 t，较 2005 年增长 1.11 倍，之后化肥施用量呈现下降的趋势，这可能与青藏高原近些年实施的生态保护和修复政策有关，2020 年化肥施用量下降至 101.06 万 t。

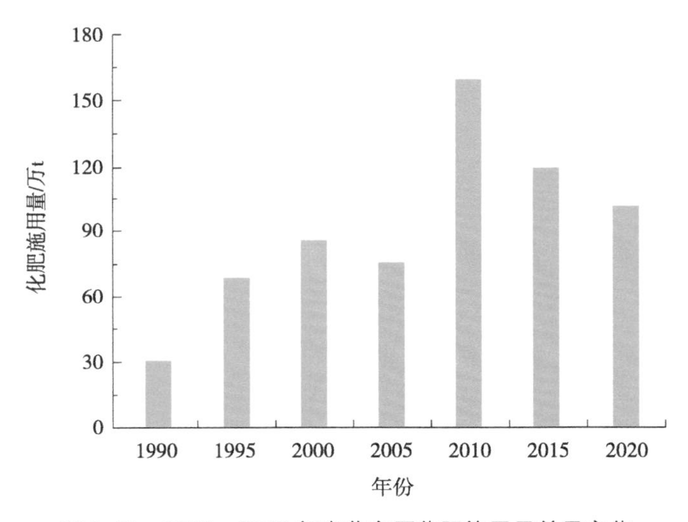

图 5-11　1990—2020 年青藏高原化肥施用量总量变化

（三）农药使用量分析

由于统计数据公开性等限制，青藏高原 1990 年的农药使用量数据缺失较为严重。从空间分布来看（图 5-12），青藏高原的农药使用量呈现中东部以及南部地区的农药使用量较高，中西部地区较低的空间分布状态，大部分县域呈现先增高后降低的趋势。其中青海省中西部地区，如治多县、曲麻莱县、格尔木市等地区是青藏高原农药使用量较高的区域，但从图 5-12 可以看出 2020 年的农药使用量整体有所下降，尤其是曲麻莱县和都兰县下降明显；新疆北部各县的农药使用量波动情况较大，大部分县域呈现先升高后降低的趋势；青藏高原南部地区，包括拉萨市、日喀则市以及东南部的云南和四川部分县域则明显表现出先增后降的变化趋势，2010 年和 2015 年的农药使用量均为多年以来的较高值，2020 年则明显降低。

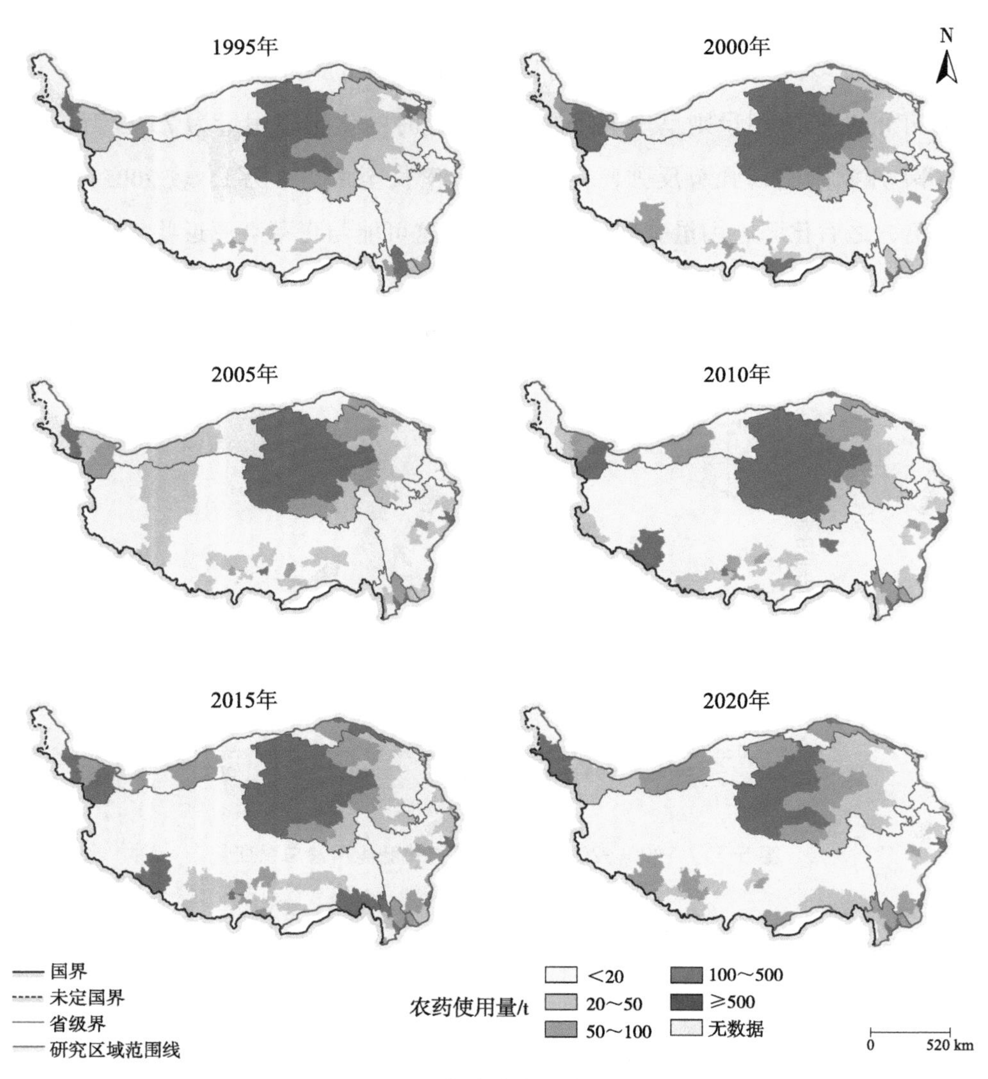

图 5-12　1995—2020 年青藏高原农药使用量空间分布

从时间变化趋势上来看（图 5-13），青藏高原的农药使用量类似于化肥施用量的变化情况，总体呈现先升高后降低的趋势。整个青藏高原的农药使用量从 1995 年的 0.96 万 t 增长至 2020 年的 1.68 万 t，增长幅度达 75.00%。其间，1995 年到 2015 年青藏高原的农药使用量一直呈现持续上升的状态，2015 年达到 2.08 万 t，但 2020 年农药使用量出现了较大幅度的下降，此时农药使用量为

1.68 万 t，较 2015 年下降了 19.23%，低于 2010 年 1.86 万 t 的农药使用量。

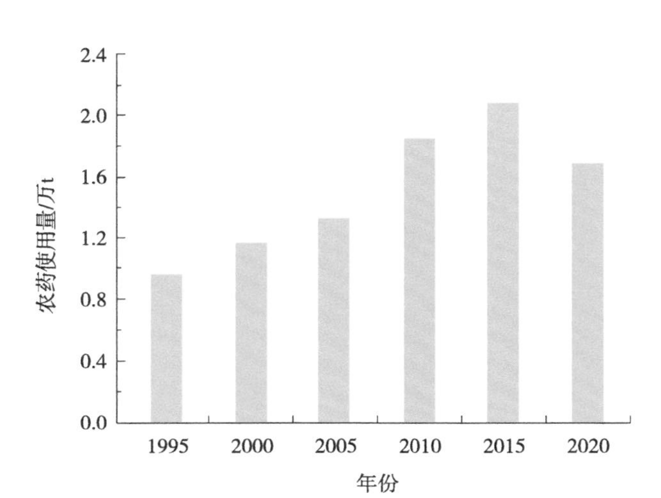

图 5-13　1995—2020 年青藏高原农药使用量总量变化

（四）地膜使用量分析

青藏高原的地膜使用量空间分布（图 5-14）呈现出北部新疆各县以及东部边缘县区较高，中西部县域 2010 年后逐渐升高，其余各地均较低的空间分布趋势。其中青藏高原北部的新疆各个县地膜使用量先升高，至 2015 年达到最大值，2020 年又出现降低；青海省大部分县域的地膜使用量均较低，从 2015 年开始到 2020 年，天峻县、共和县等区域的地膜使用量有所提升；青藏高原东南部的四川和云南东部县域的地膜使用量较高，从 1990 年到 2015 年逐渐升高，2020 年部分县域又出现下降；西藏自治区的地膜使用量一直以来数值较低，自 2010 年开始到 2020 年，双湖县、当雄县以及仲巴县等区域的地膜使用量逐渐升高。

从时间变化趋势上来看（图 5-15），青藏高原的地膜使用量呈现阶梯式上升的趋势，地膜使用量从 1990 年的 1.21 万 t 增加至 2020 年的 3.36 万 t，增长了 1.78 倍。其间，1995 年较 1990 年少量增加，此时地膜使用量为 1.39 万 t，增幅为 14.88%；2000 年地膜使用量大幅增加，较 1995 年增长了 78.42%，地膜使用量达 2.48 万 t，而 2005 年青藏高原的地膜使用量则出现下降趋势，较 2000 年下降了 4.43%，为 2.37 万 t；2010 年地膜使用量又出现了大幅上升的情况，较 2005 年增幅达 51.32%，地膜使用量达 3.61 万 t，为 1990 年以来峰值；到 2015 年，地膜使用量再次出现下降的状况，较 2010 年下降了 9.42%，数值为 3.27 万 t，2020 年则小幅上升至 3.36 万 t，增幅为 2.75%。

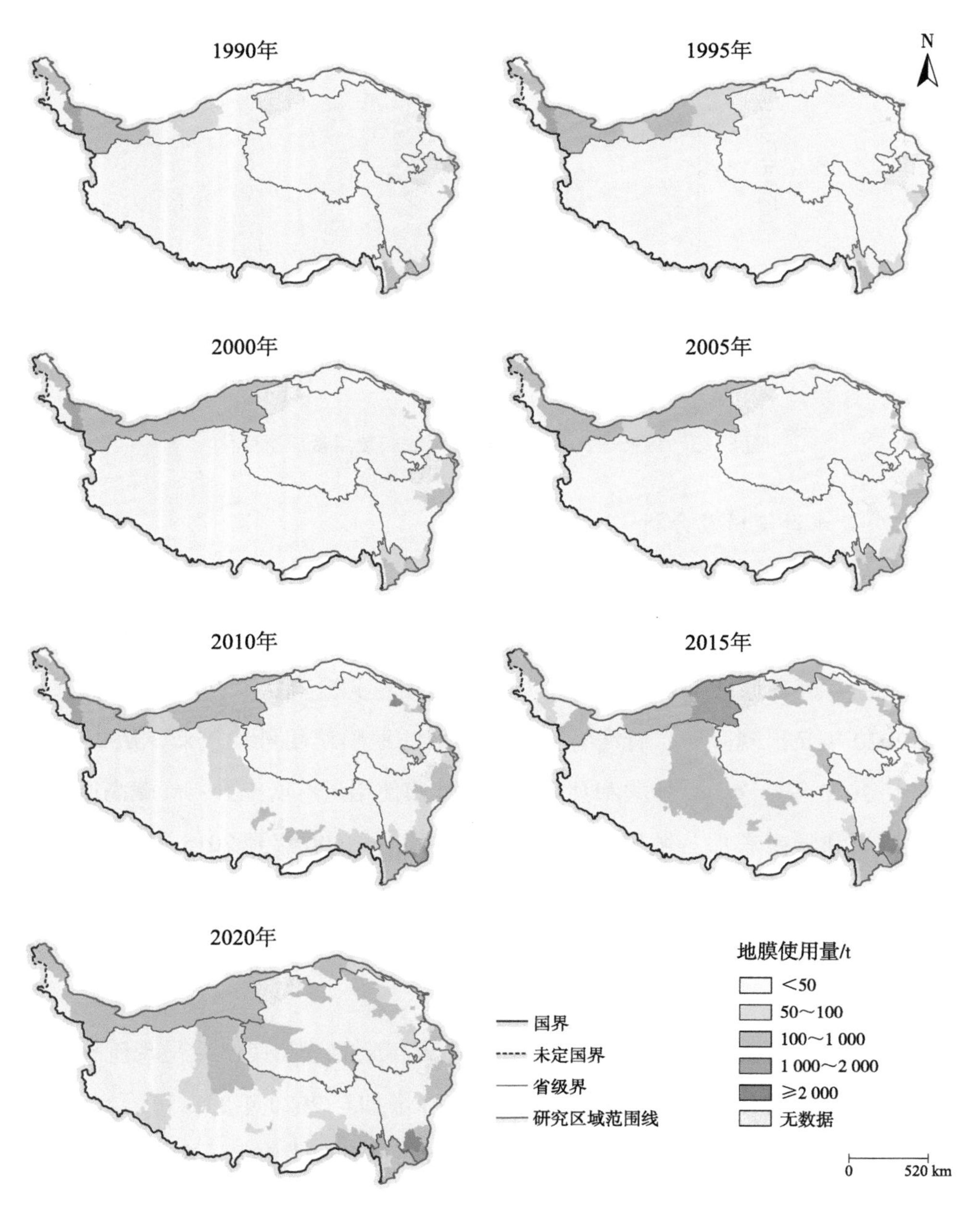

图 5-14　1990—2020 年青藏高原地膜使用量空间分布

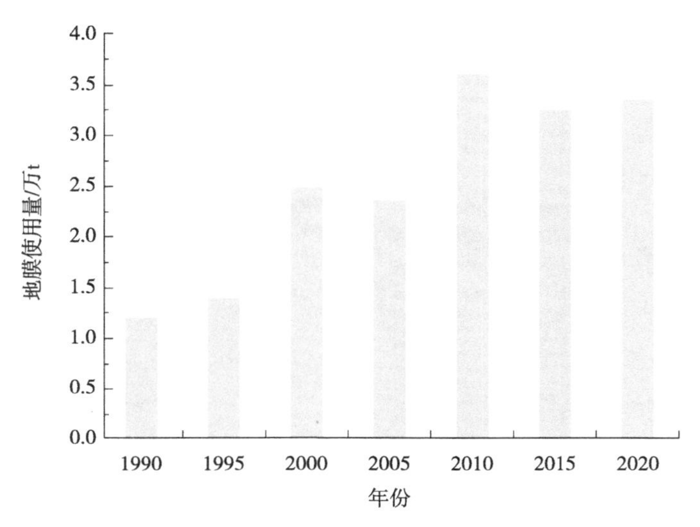

图 5-15　1990—2020 年青藏高原地膜使用量总量变化

三、农产品供给情况分析

（一）粮食产量分析

青藏高原是中国粮食较短缺的地区之一，其粮食安全问题历来是政府和学者研究的重点（崔佳莹，2020），为了提高其粮食自给能力和确保粮食安全，我国实施了诸多举措，包括 20 世纪 60 年代的垦荒运动、70 年代的商品粮基地建设、90 年代西藏“一江两河”区域和青海东部农业综合开发等措施（段健 等，2019）。理清区域粮食产量对于维护该地区的粮食安全和缓解人地矛盾有着重大意义。

从粮食产量的空间分布来看（图 5-16），青藏高原的粮食产量呈现中西部较低，东部、南部以及北部周边地区较高的空间分布格局。从局部地区来看，青藏高原粮食产量较高的区域集中在北部的新疆区域、西藏的“一江两河”区域、青海的河湟谷地及四川和云南部分县域。其中，新疆的西北部县域，如皮山县、叶城县、阿克陶县等粮食产量一直处于较高的水平，其余县域则小幅度波动；西藏“一江两河”区域粮食产量较为稳定，随时间变化并不明显；青海河湟谷地，由于耕地分布集中、土壤肥沃，资源禀赋好，系高标准农田建设的示范区，粮食产量稳步升高；青藏高原东南部的四川和云南两省部分县域的粮食产量也较为稳定，始终维持较高水平，这与该地水热条件较好，气候更加湿润等因素有关。

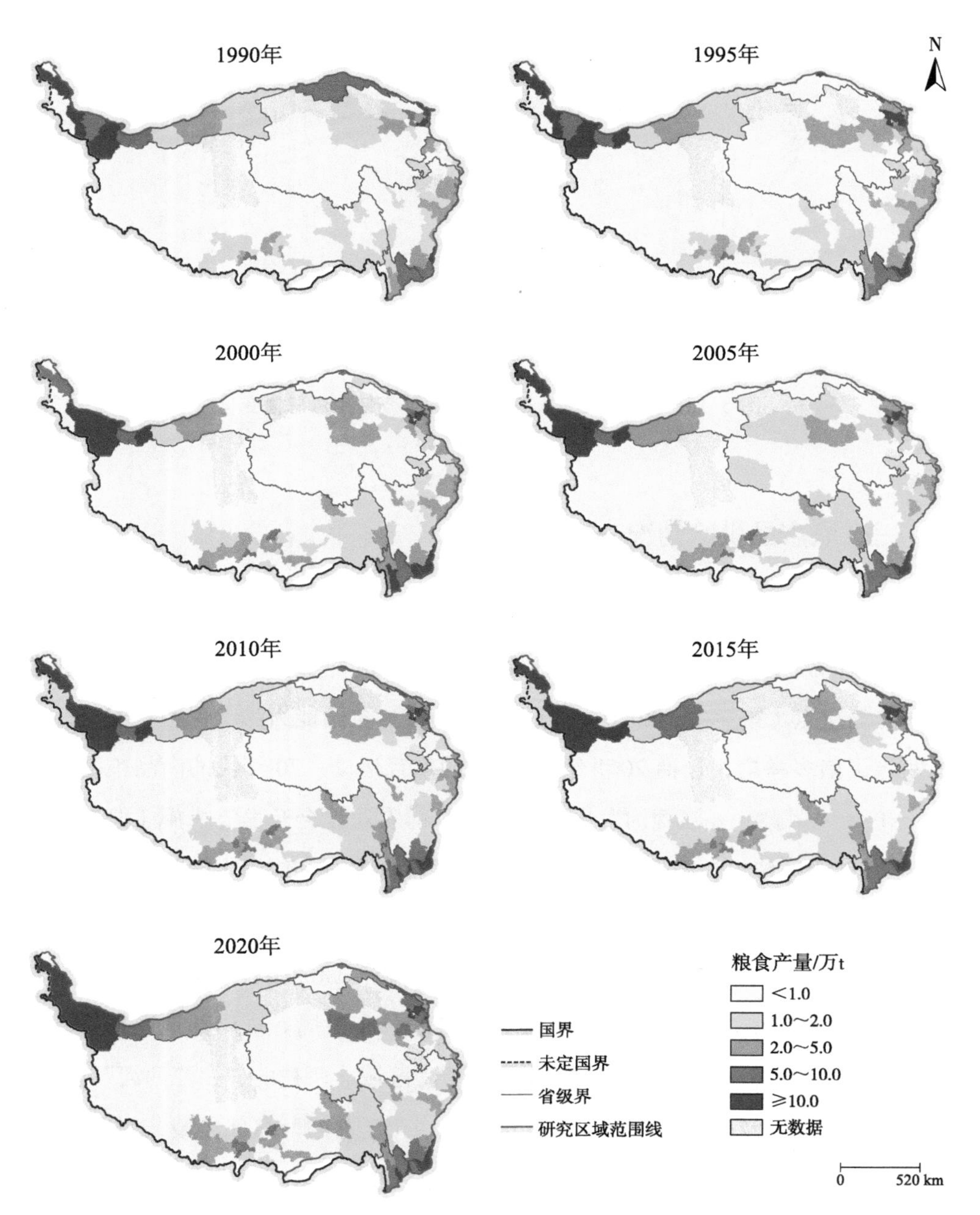

图 5-16　1990—2020 年青藏高原粮食产量空间分布

从时间变化趋势上来看（图 5-17），青藏高原的粮食产量呈波动式上升的状态，粮食产量由 1990 年的 736.38 万 t 增长至 2020 年的 1 007.36 万 t，增幅达 36.80%。其间，从 1990 年到 1995 年粮食产量显著上升，增长至 886.61 万 t，增幅达 20.40%；而从 1995 年到 2005 年，粮食产量出现了小幅度的下降，由 1995 年的 886.61 万 t 下降至 2005 年的 830.86 万 t，2010 年开始粮食产量又出现了大幅度的增长 2010 年的粮食产量达 961.41 万 t，较 2005 年增长了 15.71%，且之后一直处于增长状态；2015 年粮食产量继续提升至 989.90 万 t，2020 年增长至 1 007.36 万 t，2015 年较 2010 年、2020 年较 2015 年的增幅分别为 2.96% 和 1.76%。

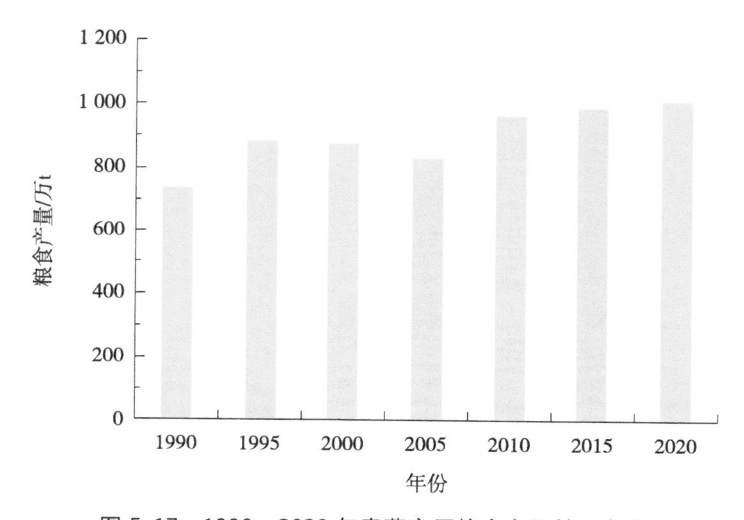

图 5-17　1990—2020 年青藏高原粮食产量总量变化

（二）肉类产量分析

从空间分布来看（图 5-18），青藏高原的肉类产量呈现出中东部地区、青藏高原北部新疆各县、东南部四川和云南两省的部分县域较高，西部县域产量较低的空间分布格局。其中，青海省肉类产量较高，且可以发现近 30 年来青海省大部分县域的肉类产量逐渐提升，尤其是东部西宁及周边区域；青藏高原北部的新疆县域同样表现出逐年提升的情况；西藏自治区的尼玛县、昂仁县等地呈现逐年增加的趋势，但是改则县、仲巴县等地区则呈现先增加后减小的态势；东南部的四川省和云南省肉类产量从 2005 年开始有所提升，之后一直较为稳定。

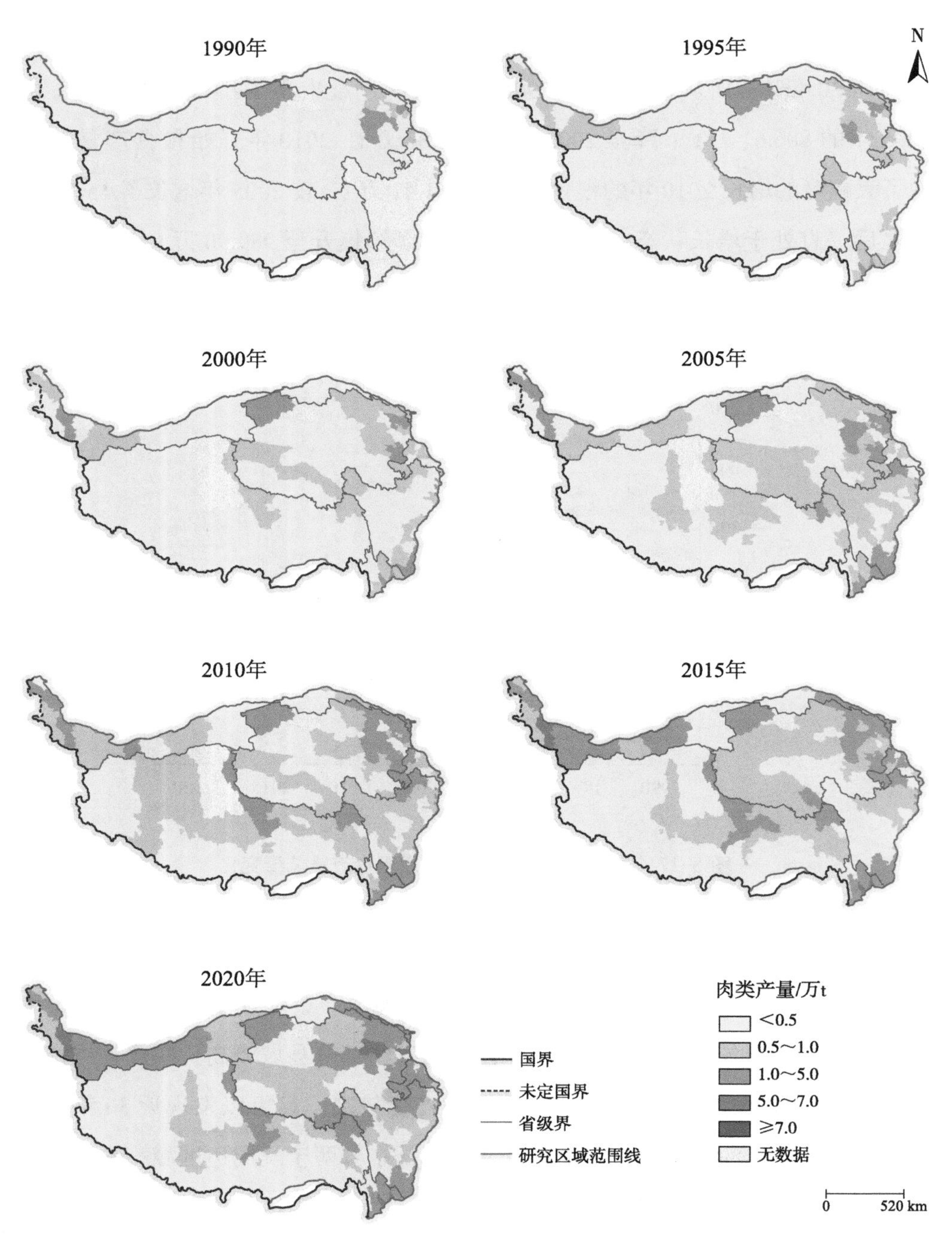

图 5-18　1990—2020 年青藏高原肉类产量空间分布

从时间变化趋势上来看（图 5-19），青藏高原的肉类产量整体呈持续上升的趋势，仅有 2015 年的产量稍有下降，其余年份均为增长状态，肉类产量由 1990 年的 46.73 万 t 增长至 2020 年的 264.26 万 t，增长了 4.66 倍，其中 1990 年由于数据公开性等限制，部分县域的数据缺失，根据拟合直线可以判断数值低于1995年的产量水平。30年间，其中1995年、2000年、2005年、2010年的肉类产量分别为98.31万t、134.68万t、192.55万t、223.10万t，产量增长幅度较前一统计年份分别为110.40%、37.00%、42.97%和15.87%，而2015年的肉类产量出现小幅度下降的情况，较2010年肉类产量下降了2.30%，为217.97万t，2020年肉类产量则又出现强势回弹，较2015年增长了21.24%，产量达264.26万t，为30年来最高值。

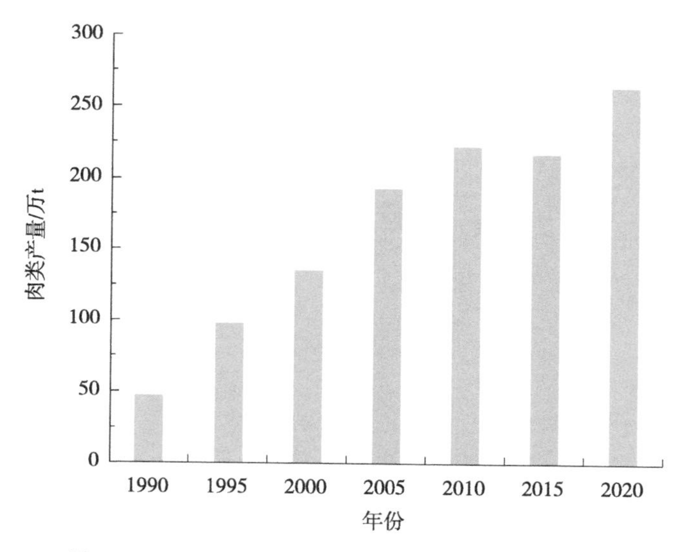

图5-19　1990—2020年青藏高原肉类产量总量变化

（三）奶类产量

奶类产品是高原畜牧业活动的重要产出。从空间分布来看（图5-20），青藏高原的奶类产量总体呈现由西北向东南区域逐渐递增的趋势。其中，青海省与四川省交界的县域以及西宁及周边县域的奶类产量较高，且一直处于较稳定的水平，青海省西部的曲麻莱县、杂多县等县域则呈现先增加后减小的趋势，这可能是由于当地自然保护地体系的建设，如建设自然保护区、国家公园等，一定程度影响了畜牧业发展，造成了奶类产量减少；西藏自治区中西部的奶类产量则逐渐增加；位于青藏高原北部的新疆西部县域的奶类产量较高，且末县等北部县域逐渐有所提升；相对而言，青藏高原东南部的四川省和云南省地区的奶类产量则相对较低，可能是由于该地区自然条件和家畜结构的影响，对奶类产量造成了一定的限制。

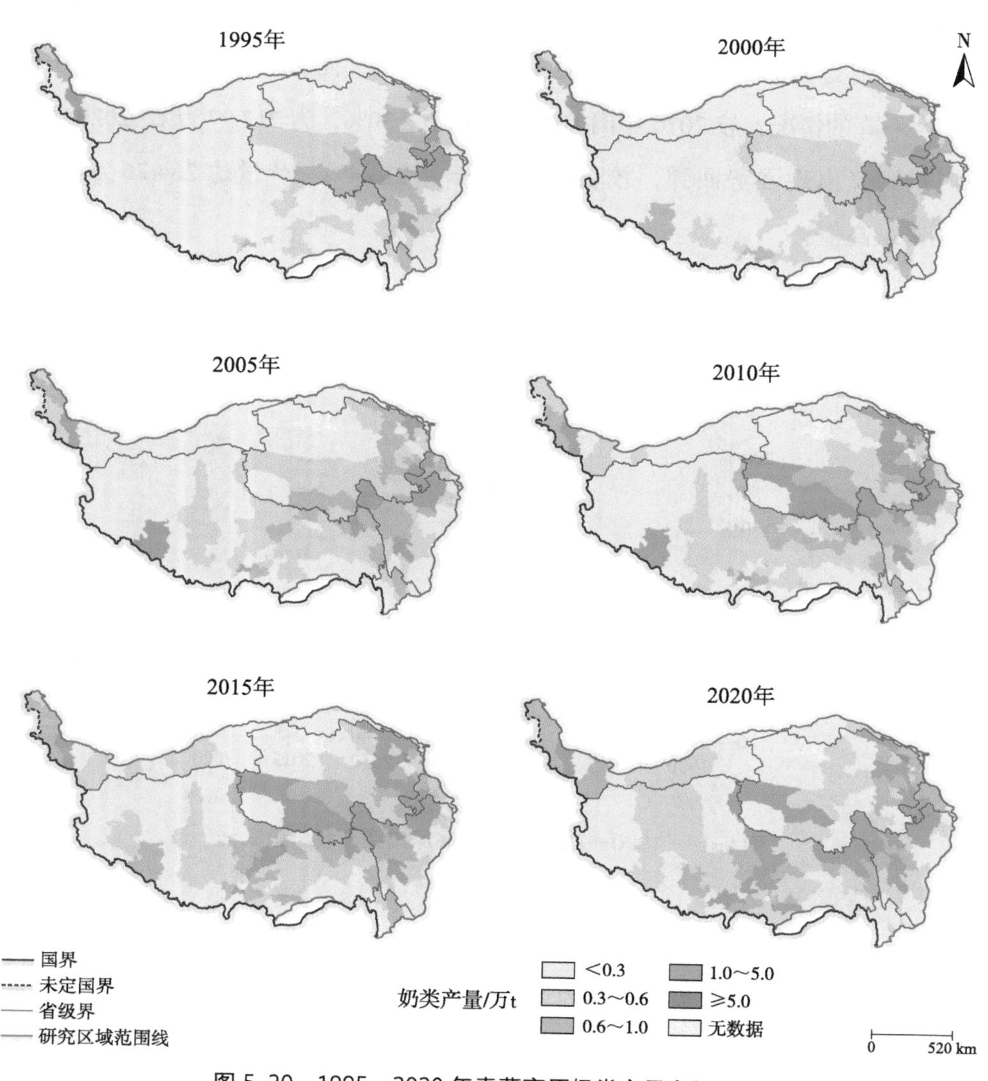

图 5-20　1995—2020 年青藏高原奶类产量空间分布

从时间变化趋势上来看（图 5-21），青藏高原的奶类产量呈现持续性增长的趋势，奶类产量由 1995 年的 65.41 万 t 提升至 2020 年的 150.74 万 t，增长了 1.30 倍。其间，奶类产量持续增长，2000 年、2005 年、2010 年和 2015 年的奶类产量分别为 76.92 万 t、103.73 万 t、127.57 万 t 和 141.22 万 t，较前一阶段增长幅度最大的是 2005 年，增幅达 34.85%，之后增幅逐年下降，2010 年、2015

年和 2020 年增幅分别为 22.98%、10.70% 和 6.74%。

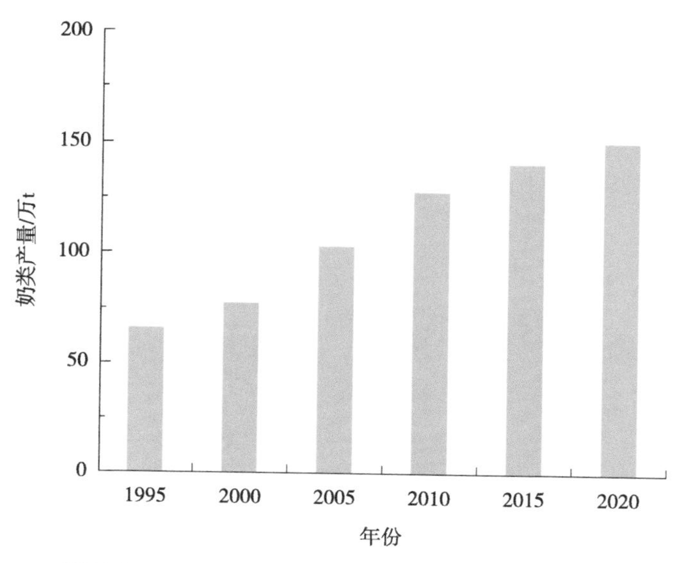

图 5-21　1995—2020 年青藏高原奶类产量总量变化

四、农牧业活动强度分析

青藏高原农牧业活动强度指数总体较低，1990—2020 年均值均小于 0.20，同时，青藏高原农牧业主产区尚未完全脱离传统粗放的生产经营模式，农牧科技推广体系不同程度地存在“线断、网破、人散”的现象。在空间上农牧业活动强度呈现东北部边缘地区和南部边缘区域较高，即“以西宁和拉萨为中心点向周边区域辐射”的格局（图 5-22）。此外，东部区域的农牧业活动强度逐渐增大，西部区域则呈现出先增大后减小的趋势，北部区域的农牧业活动强度则逐渐减小，而南部区域表现出先增大后相对稳定的变化趋势。原因可能在于西宁市和拉萨市同属省会城市，都处于自然禀赋相对较好的河谷地带，该区域适合粮食的耕种和城市建设，人类在此聚居时间较长，对周边的土地利用强度较高，农牧业活动强度也相对较高。

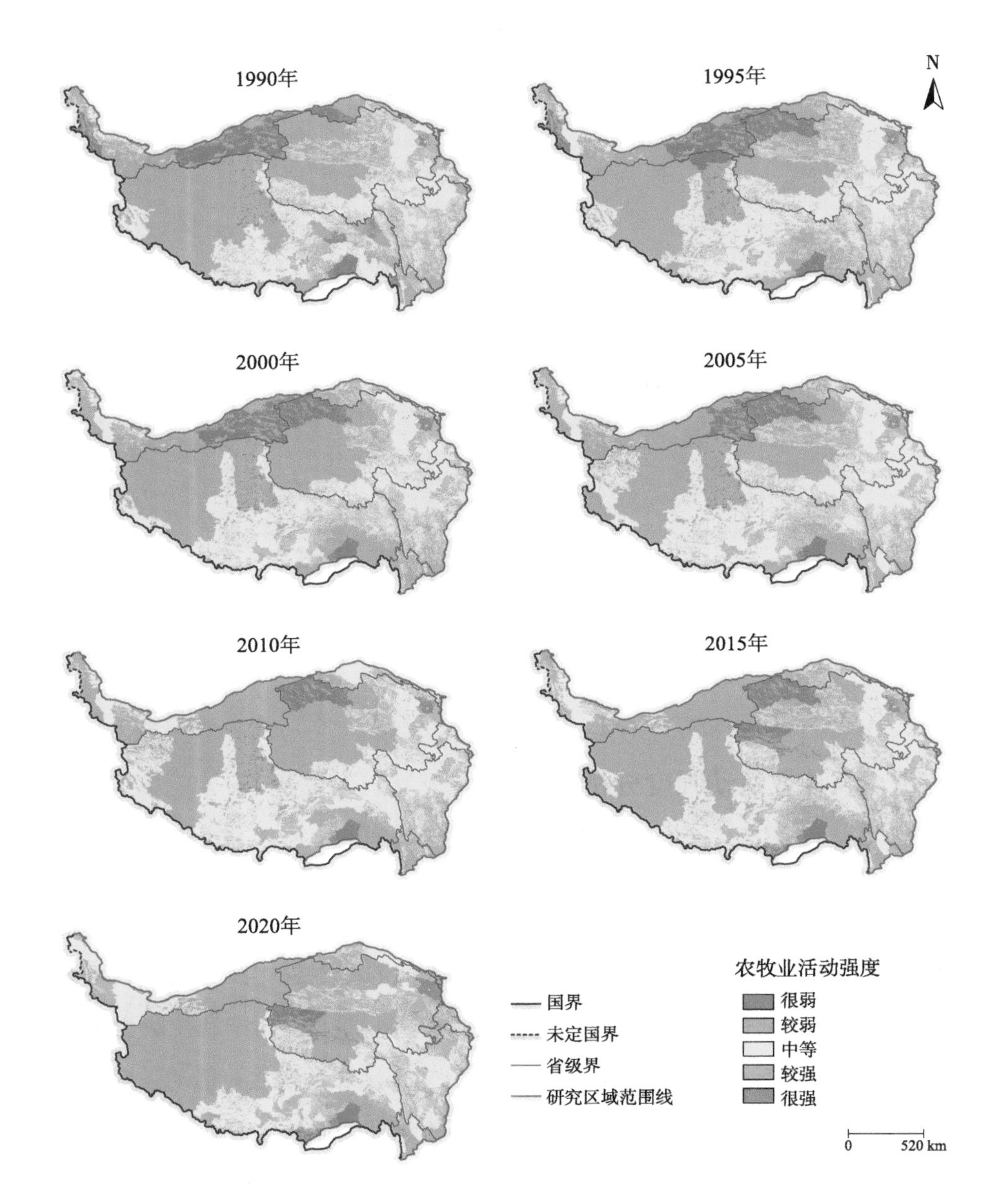

图 5-22　1990—2020 年青藏高原农牧业活动强度空间分布

从时间变化上来看，青藏高原农牧业活动强度指数多年来总体略有增加（图 5-23），1990 年农牧业活动强度为 0.186，此时为最低值，2020 年增长至 0.198，达到最高值，增长幅度为 6.45%。其间，从 1990 年至 2010 年，青藏高原农牧业活动强度一直表现出逐年递增的状态，1995 年、2000 年、2005 年、2010 年的农牧业活动强度指数分别为 0.186、0.188、0.194 和 0.196，到 2015 年则出现下降的情况，此时农牧业活动强度指数为 0.193，低于 2010 年的数值。到 2020 年又出现较大的回弹，农牧业活动强度指数为 0.198，为多年以来的最大值。

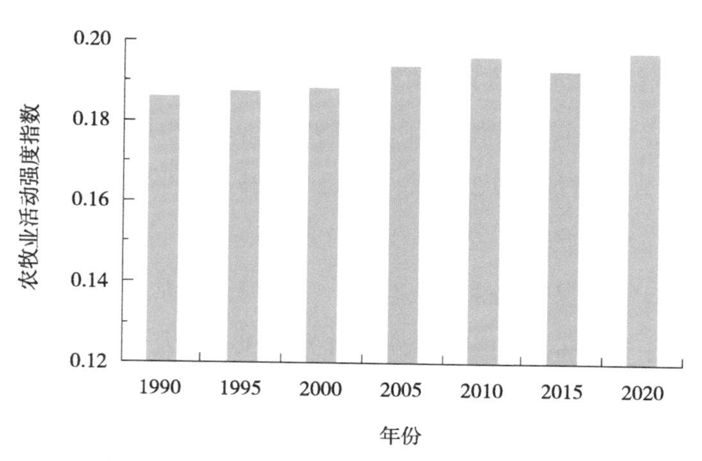

图 5-23　1990—2019 年青藏高原农牧业活动强度指数变化

第二节　城乡建设

一、城镇化发展

（一）青藏高原人口分布演变特征

青藏高原主要省份和自治区的人口数量整体呈持续增长态势（图 5-24）。青藏高原常住人口总数呈现持续增长态势，从 1982 年的 802.83 万人增长至 2015 年的 1 240.08 万人，年均增长人口 13.25 万人。从人口总量来看，青藏高原因其独特的地理位置和自然环境，在中国乃至全球范围内都属于典型的人口稀疏区（戚伟 等，2020）。

《西藏自治区第七次全国人口普查主要数据公报》显示，全区常住人口为 3 648 100 人，与 2010 年第六次全国人口普查的 3 002 166 人相比，增加 645 934 人，增长 21.52%，年平均增长率为 1.97%。比 2000 年到 2010 年的年平均增长率

1.39% 提高了 0.58 个百分点。统计资料显示，在西藏全区常住人口中，藏族人口为 3 137 901 人，其他少数民族人口为 66 829 人，汉族人口为 443 370 人。与 2010 年第六次全国人口普查相比，藏族人口增加 421 512 人，其他少数民族人口增加 26 315 人，汉族人口增加 198 107 人。

据青海省统计局发布的《青海省第七次全国人口普查公报》数据，至 2020 年 11 月 1 日零时，全省共有常住人口 5 923 957 人，与 2010 年第六次全国人口普查的 5 626 722 人，增加 297 235 人，增长 5.28%，年平均增长率为 0.52%。全省常住人口年均增速放缓，主要是受人口自然增长率下降和省际间人口迁出的影响。常住人口继续保持低速增长态势。在青海全省常住人口中，汉族人口为 2 993 534 人，占 50.53%；各少数民族人口为 2 930 423 人，占 49.47%。与 2010 年第六次全国人口普查相比，汉族人口增加 10 018 人，增长 0.34%；各少数民族人口增加 287 217 人，增长 10.87%。全省常住人口 10 万以上的少数民族由 2010 年的 4 个（藏族、回族、土族、撒拉族）增加到 2020 年的 5 个（藏族、回族、土族、撒拉族、蒙古族），全省各民族交流交融共同发展迈上了新台阶。同时，全省人口流动与集聚效应增强。2020 年青海省常住人口中 34.95% 的人"居住地"与"户籍所在地"不一致。较 2010 年，全省流动人口增长 61.74%，市辖区内人户分离人口翻了 1 倍多。从流向上看，省内人口加快向西宁市集聚。

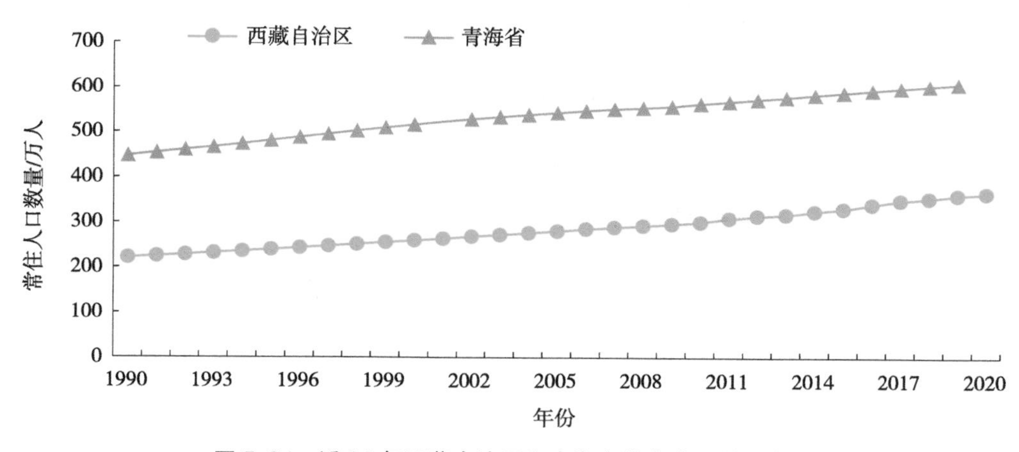

图 5-24　近 30 年西藏自治区和青海省常住人口数量变化

人口规模是城镇发展最基础的要素之一，区域内各城镇人口分布的空间差异体现着城镇发展水平的差异。城镇发展早期人口差异主要体现在自然条件的差异上。随着城镇发展水平提升，社会经济条件、居民生活水平、医疗卫生服务等条件对人口的吸引作用越发明显，人口的数量和密度在一定程度上可以代表城镇发展的水平高低（张越，2020）。截至 2020 年第七次全国人口普查，我国的人口分布特点仍然是东多西少，同时兼具稳定性和不平衡性的特点，各省人口密度较大的差异并未得到改变。近年来，随着国家对中西部地区扶持政策的接连实施，青藏高原近 30 年来常住人口总量呈持续增长态势。2020 年青藏高原人口密度分布数据显示，青藏高原平均人口密度为 6.39 人 /km^2，与 1990 年 4.37 人 /km^2 相比，提升了 46.22%，年增长率约为 1.54%。而 2010 年我国东部地区的人口密度已经从 2000 年的 475 人 /km^2 增加到了 497 人 /km^2，可见东西部人口分布差异十分显著。

从空间分布格局来看，2020 年青藏高原平均人口密度为 6.39 人 /km^2，青藏高原东西、南北跨度大，地域广，总面积达 255 万 km^2，因其独特的自然环境，空间人口分布极不均衡，人口主要集中分布在青藏高原东部和东南部地区，以西宁市、拉萨市和海东市等中大型城市为主要聚集地（图 5-25）。其中人口聚集程度最高的地区为西宁市，区域中最大人口密度达到了 2.89 万人 /km^2，其次分别是拉萨市与海东市，分别达到了 0.38 万人 /km^2、0.37 万人 /km^2，其主要城市最大人口密度差距达到了 2.43 万人 /km^2 以上。就平均人口密度而言，西宁市、海东市、拉萨市仅为 311.78 人 /km^2、133.86 人 /km^2 和 22.89 人 /km^2，远低于 2018 年我国平均城市人口密度 1.42 万人 /km^2（郑得坤 等，2020）。

从时间变化趋势来看，青藏高原人口密度进一步向西宁、拉萨等中大型城市聚集，人口密度空间分布差异进一步拉大，青藏高原中西部地区人口密度波动变化小。为分析青藏高原人口密度的波动变化态势，利用 Slope 趋势分析方法对近 30 年的人口密度变化进行分析，结果显示（图 5-26），青藏高原人口密度整体呈现增加的趋势，平均速率约为 0.35 人 /（km^2 · a），其中以西宁市增长速率最快，为 18.85 人 /（km^2 · a），海东市、拉萨市次之，分别为 4.19 人 /（km^2 · a）、2.06 人 /（km^2 · a），波动幅度较为剧烈。1990—2020 年青藏高原始终以西宁市为级核形成人口集聚，向四周小范围辐射，其他主要城市包括拉萨市、海东市、迪庆藏族自治州的人口集聚效应明显不足，难以形成与西宁市同等水平的发展极点。人口聚集程度最高的地区是西宁市所在的城东区和城西区，2020 年，平均人口密度分别达到了 4 660 人 /km² 和 4 035 人 /km²。

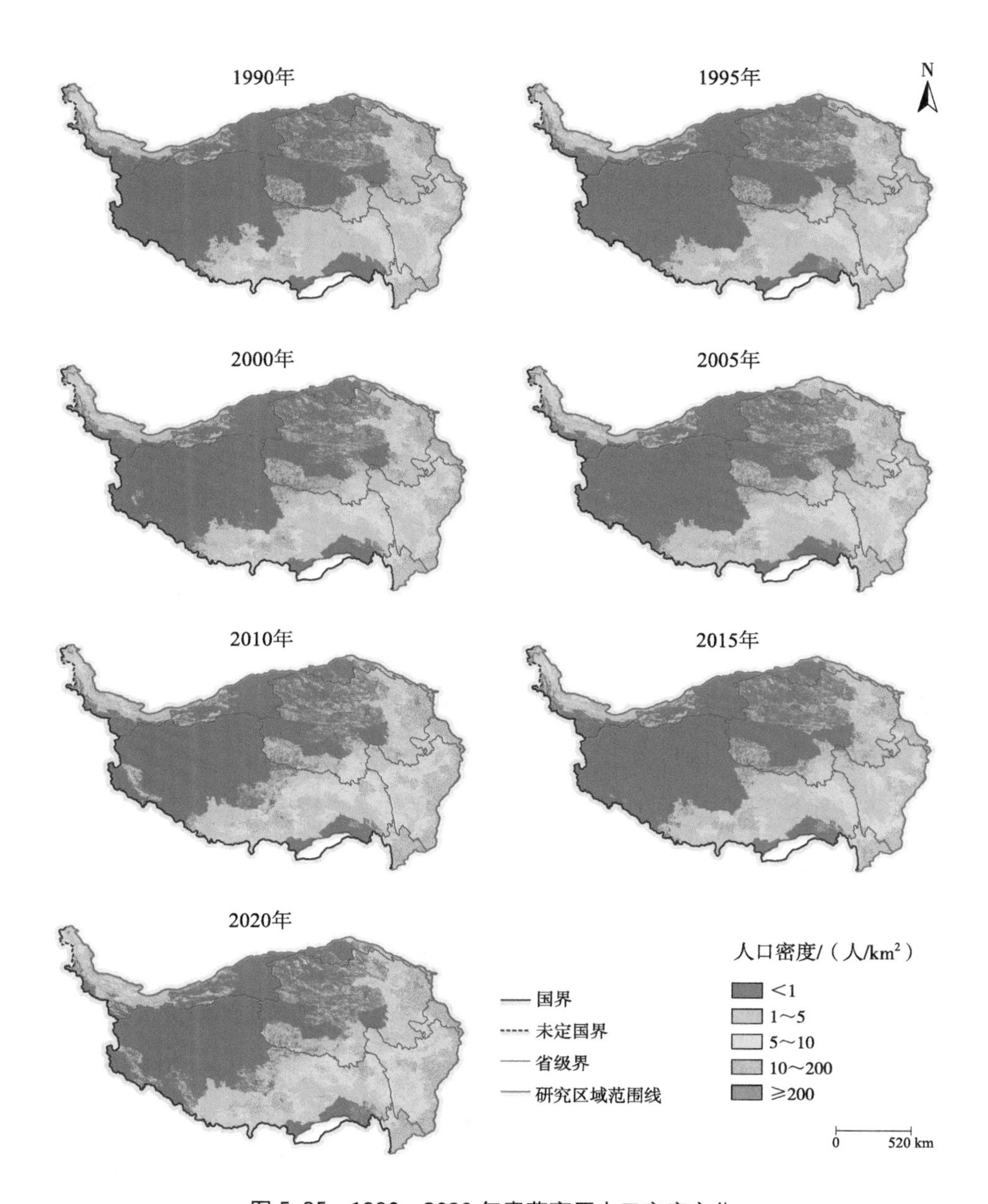

图 5-25　1990—2020 年青藏高原人口密度变化

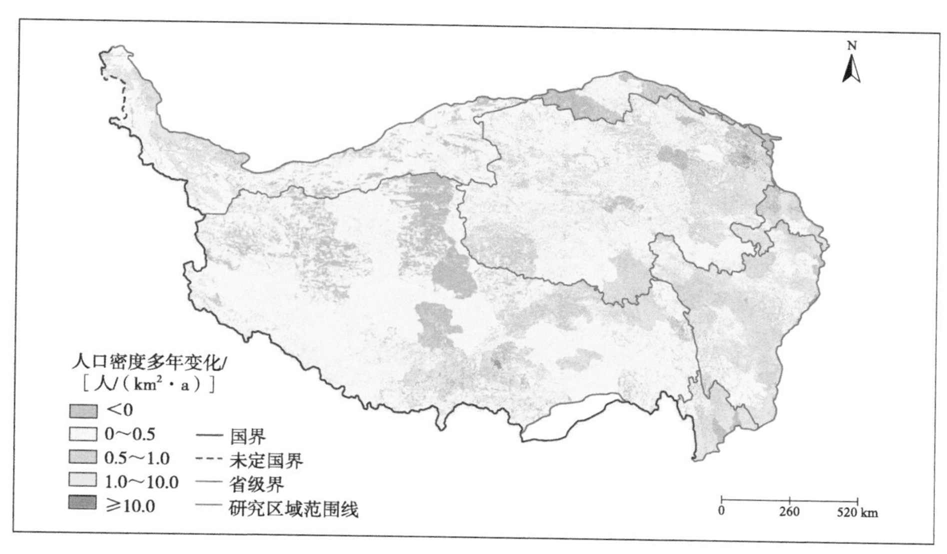

图 5-26　1990—2020 年青藏高原人口密度趋势变化

（二）城镇化发展水平

青藏高原地处高寒偏远地区，社会经济与城镇化发展长期滞后。作为典型的生态脆弱区，面临可利用土地资源匮乏和人地关系紧张的挑战，城镇体系的形成、发育和进程可能对生态环境产生重要影响（鲍超 等，2019；张晓瑶 等，2021）。随着城镇化水平的不断提升和旅游业的不断发展，区域内土地利用结构和强度也随之发生变化。

青藏高原城镇用地主要集中分布于青藏高原“一江两河”、河湟谷地地区，以拉萨市、西宁市、日喀则市面积最大，分别达到了 128.94 km^2、85.96 km^2、85.95 km^2。高原城镇用地空间分布呈现“大分散、小集聚”的格局，且以西宁城市圈和拉萨城市圈为主的城镇空间演变格局一直处于级化核心地位（鲍超 等，2019）。1990 年，青藏高原城镇用地面积仅为 190 km^2，到 2020 年这一数字已增长到了 527 km^2，增加了 1.77 倍左右，年均增长率约为 13.48 km^2/a。1990—2020 年，以拉萨市、西宁市、日喀则市为代表的高原城镇建设用地主要经历了两个发展阶段：一是 1990—2010 年，处于青藏高原城镇用地缓慢稳定增长阶段；二是 2010—2020 年，进入高速发展阶段，增速明显提升，年增长率达到了 24.2 km^2/a。从青藏高原整体土地利用结构来看：城镇用地面积占比较小，仅为 0.01%～0.02%，这也说明青藏高原近 30 年来，城镇化发展一直处于落后状态（图 5-27）。结合 1990 年和 2020 年两期土地利用分布数据可以发现（表 5-2），青藏高原城镇用地的转入、转出都主要与草地和耕地有关。其中转入面积草地比重最大，达到了 197.10 km^2，其次是耕地，为 136.43 km^2，分别占转入面积的 37.40% 和 25.89%；在转出面积中，占比最大的依然是草地，面积达 32.39 km^2，其次是耕地，为 24.36 km^2，分别占转出面积的 17.07% 和 12.84%。青藏高原土地利用主要类型为草地，多年平均占比达到 70.02%（彭海月 等，2022），加之城镇用地多分布于青藏高原河谷地区，人口聚集的城镇往往位于高原生态资源丰富的地区（张镱锂 等，2019），因此，城镇的扩张通常涉及对周边农田和优质的草地的侵占，从而造成部分耕地、草地在城镇化过程中受到一定程度的取代，从而加剧了青藏高原的生态破坏。

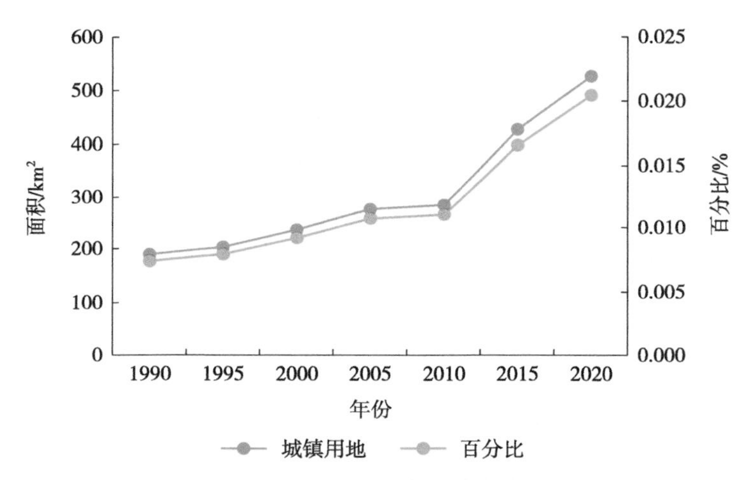

图 5-27　1990—2020 年青藏高原城镇用地面积及占比变化

表 5-2　1990—2020 年青藏高原城镇用地转移矩阵　　单位：km^2

1990 \ 2020	草地	城镇用地	耕地	林地	其他用地	水域	未利用土地
草地		197.10					
城镇用地	32.39	111.66	24.36	7.89	3.11	6.66	3.71
耕地		136.43					
林地		24.03					
其他用地		25.07					
水域		19.04					
未利用土地		13.66					

城镇化水平一般指城镇化率，是城镇化的重要度量指标，一般采用人口统计学指标，即城镇人口占总人口的比重，简单地说城镇化水平就是城镇人口占总人口比例。城镇化是一个地区谋求长足发展的必由之路，改革开放以后，我国的城镇化进程明显加快，1978 年我国城镇化率仅为 17.9%，到 2020 年，这一数值上升了 45.99%，达到了 63.89%。而作为我国中西部地区典型的生态脆弱区，青藏高原因其地域覆盖广、海拔高、地貌复杂、人口密度低等特征，成为我国城镇化发展相对滞后的地区（戚伟，2019；张车伟 等，2012）。最新的第七次全国人口普查显示，2020 年青藏高原常住人口城镇化率达到了 47.4%，纵向对比相较 2010 年提高了约 12.8%（刘振 等，2021；李勇，2013）。同期，全国城镇化增长率为 13.94%，且第六次全国人口普查数据显示，2010 年我国城镇化率就已经达到了 49.95%（张车伟 等，2012），尽管青藏高原城镇化增长率已经与全国城镇化增长率差距不大，但是仍然没有改变青藏高原城镇化发展是我国最滞后的区域之一。由于地理环境、气候条件、历史发展基础等一系列因素的影响，导致青藏高原大多数地区城镇化水平不高，与我国东部、中部地区社会经济发展差距还在日益加大（鲍超 等，2019）。

青海省和西藏自治区作为青藏高原的主体部分，2020 年年底城镇化率分别为 60.08% 和 35.73%，均低于全国同期水平 63.89%，分别比全国平均水平低 3.81 个百分点、28.16 个百分点，尤其是西藏自治区的城镇化率远低于全国平均水平，且仅为青海省城镇化率的一半左右，呈现出了较大差距（图 5-28）。统计数据表明，长期以来，西藏自治区一直是我国城镇化水平最低的省域单元的基本情况未得到改变。这也导致青藏高原城镇化总体水平偏低、发展缓慢，与全国平均水平仍存在较大差距。

截至 2020 年年底，青藏高原城镇数量从 1990 年的 72 个增加到 289 个，其中城市数量由 5 个增加至 9 个，建制镇数量由 67 个增加至 280 个，呈现大幅增长。城镇化率超过 60% 的地级市（州、地区）有两个，分别是海西蒙古族藏族自治州和西宁市，拉萨市的城镇化率为 49.77%，其余地区城镇化率普遍低于 40%。在青藏高原地区城镇化率排名前十的地级市（自治州、地区）中有 7 个分布在青藏高原东部青海省境内，仅有 3 个位于西藏自治区境内。由于青藏高原的河湟谷地、“一江两河”中部流域自然条件较好，开发历史悠久，城市密度相对较大，河湟谷地集中了青海省 70% 的建制镇，“一江两河”中部流域分布了西藏自治区 1/3 的建制镇（李勇，2013）。而广大的青藏高原中部、西北地区人口、城镇分布数量远不如东部、西南部地区。近 30 年，青藏高原排名前十的地级市（州、地区）城镇化增长率普遍在 10% 以上，其中海南藏族自治州、玉树藏族自治州增长率最高，超过 20%。但是受青藏高原地域广阔、地理环境复杂的影响，城市间距离远，密度低，较为分散，区域发展不平衡，城镇体系不完善，难以形成如长三角地区（经济要素带动）和成渝地区（政治要素带动）的城镇发展格局演化模式（张越，2020）。

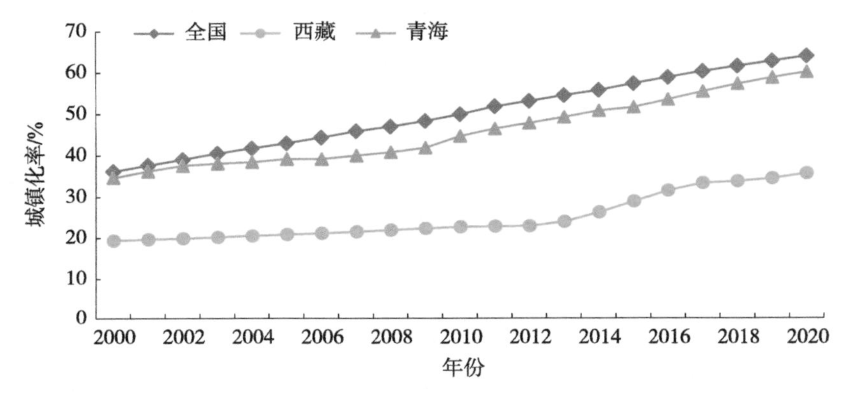

图 5-28　2000—2020 年西藏自治区、青海省与全国城镇化率变化对比

青藏高原常住人口向城镇集聚，人口城镇化率显著提高。2010 年以来，随着西藏新型城镇化建设步伐的不断加快，农牧区人口向城市转移，城镇化进程不断提高。从人口城乡结构上看，西藏城镇常住人口持续增加，常住人口的城镇化率大幅提高。10 年间城镇常住人口增加了 62.29 万人，常住人口城镇化率提高了 13.06 个百分点。在西藏全区常住人口中，2020 年居住在城镇的人口为 130.34 万人，占比为 35.73%；居住在乡村的人口为 234.47 万人，占比为 64.27%。与 2010 年相比，城镇人口增加 62.29 万人，乡村人口增加 2.31 万人，城镇人口比重提高 13.06 个百分点。随着全区新型城镇化建设步伐不断加快，城镇化取得了较快发展。青海全省常住人口中，2020 年居住在城镇的人口为 355.94 万人，占比为 60.08%；居住在乡村的人口为 236.46 万人，占比为 39.92%。与 2010 年相比，城镇人口增加 104.31 万人，乡村人口减少 74.59 万人，城镇人口比重上升 15.36 个百分点。

二、工矿业活动

（一）经济活动概述

青海和西藏作为青藏高原的两个主体省份，其经济发展存在明显区域不平衡。以2020年为例，青海省工业产值为785.90亿元，是1990年的37倍多，增长速率约为25.49亿元/a；而西藏自治区工业产值仅为145.16亿元，增长速率约为4.77亿元/a，工业产值差距达到了5.41倍。从产业结构来看，自2000年以来第三产业已逐渐成为青藏高原的主要经济来源。2020年，青海第一产业生产总值为334.30亿元，第二产业生产总值为1 143.55亿元，第三产业生产总值为1 528.07亿元；西藏三次产业结构生产总值分别为150.65亿元、798.25亿元和953.84亿元。同时，青海与西藏三次产业结构差值分别达到了183.65亿元、345.30亿元和574.23亿元，进一步表明青藏高原社会经济发展水平落差较大，区域发展失衡较为严重。从2020年全国23个省份三次产业增加值统计数据看，青海、西藏第一产业排名垫底，与排名第一的四川相比，差距达到了5 405.93亿元；第二产业增加值排名西藏垫底，青海位于倒数第三位，与排名第一的江苏相比，差距达到了43 428.18亿元；第三产业增加值青海、西藏排名依旧垫底，与排名第一的广东相比，差距达到了61 586.94亿元。因此，虽然青藏高原近些年来，产业产值取得一定进步，但是与全国其他省级单位相比，其综合水平依旧处于落后地位，差距并未缩小（图5-29和图5-30）。

从高原地区生产总值构成来看，2020年青海、西藏两省（区）第三产业比重分别达到了50.70%和50.10%，均占据了地区生产总值一半以上，相比于1990年，分别提升14.40%、13.90%。同期，以农牧业为主的第一产业，分别下降15.10%、43.00%，以工业为主的第二产业分别增加0.70%、29.10%，其中西藏第一产业下降幅度最大，将近一半，第二、三产业增速明显，青海第一产业下降幅度较大，第二产业近30年变化缓慢，第三产业增速明显，表明青藏高原的产业已经由第一产业为主转变为以第二三产业为主，同时，伴随着城镇发展水平的不断提升，第三产业的发展速度更为迅速，科技、人才和相配套的服务业正在逐渐超越农业、工业成为地区发展的产业支柱。以西藏来说，2020年第三产业占全区生产总值的50.10%，与广东、浙江等经济实力强劲的省份相比，差距不过6%，但其规模（953.84亿元）却只有广东第三产业总值的1.53%（图5-31和图5-32）。

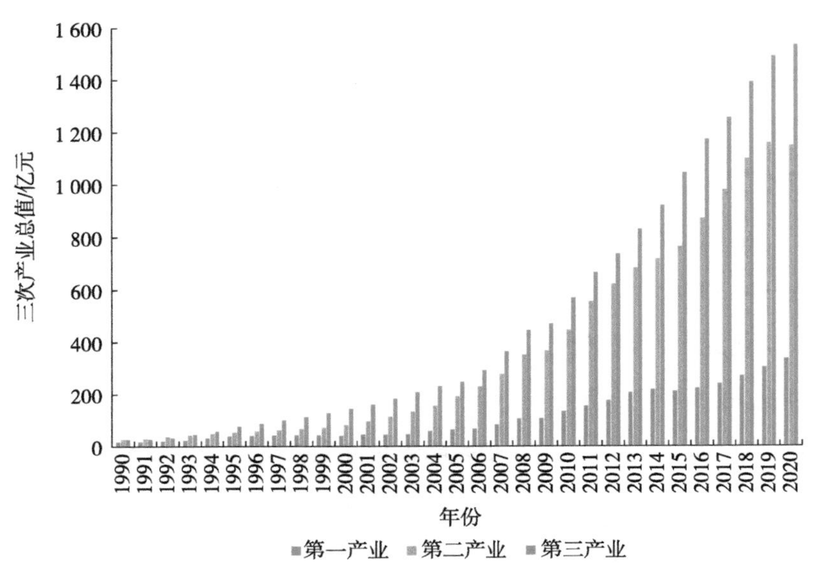

图5-29　1990—2020年青海省三次产业结构生产总值变化

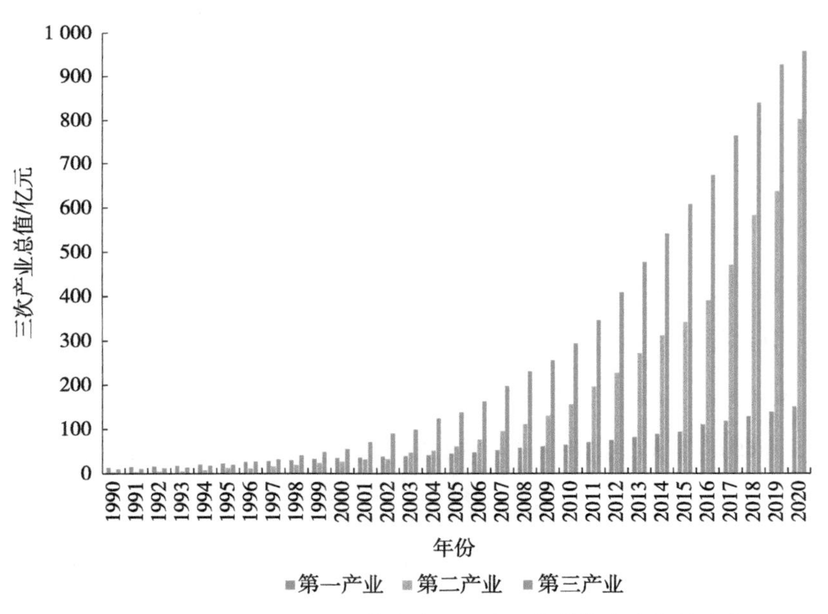

图5-30　1990—2020年西藏自治区三次产业结构生产总值变化

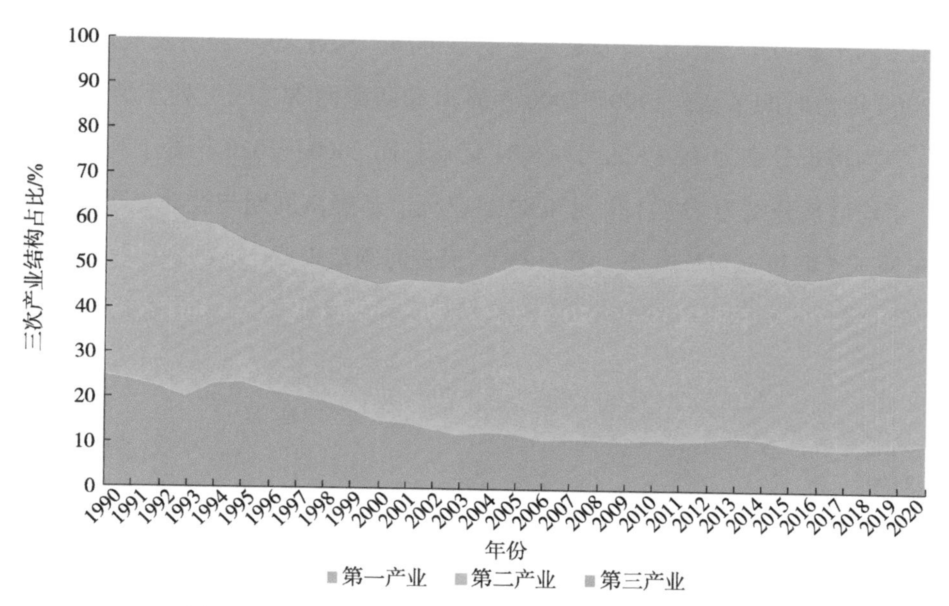

图 5-31　1990—2020 年青海省三次产业结构占比变化

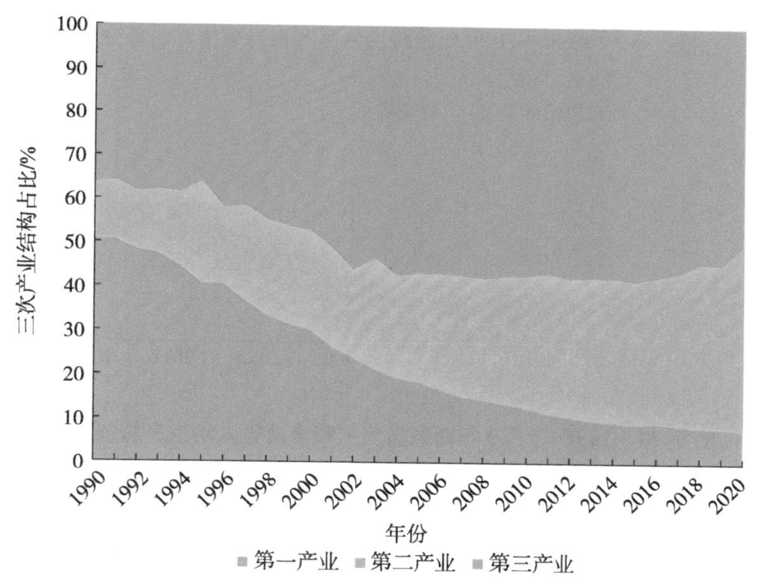

图 5-32　1990—2020 年西藏自治区三次产业结构占比变化

2020 年青藏高原平均 GDP 分布密度为 24.16 万元 /km^2，而在 1995 年仅为 1.08 万元 /km^2，增幅达 21.37 倍。其中，青海和西藏两省（区）地区生产总值分别为 3 005.92 亿元和 1 902.74 亿元，相较于 1990 年，分别增长 2 935.98 亿元和 1 875.04 亿元，年均增长为 97.87 亿元和 62.50 亿元，人均生产总值分别由 1990 年的 1 575 元和 1 276 元提高到 2020 年的 50 819 元和 52 345 元，分别增加了 31.27 倍和 40.02 倍，经济发展水平明显提高。从近 30 年经济发展历程来看，以 2000 年为时间节点，1990—2000 年青海和西藏两省（区）处于缓慢增长阶段，年均增长分别为 19.37 亿元和 9.01 亿元；而 2000—2020 年处于高速增长阶段，年均增长分别为 137.11 亿元和 89.25 亿元。从经济周期与波动来看，西藏近 30 年处于长期稳定增长态势（图 5-33），而青海则呈现明显波动变化趋势，尤其是在 2008—2009 年和 2019—2020 年出现波动式下降（图 5-34 和图 5-35）。

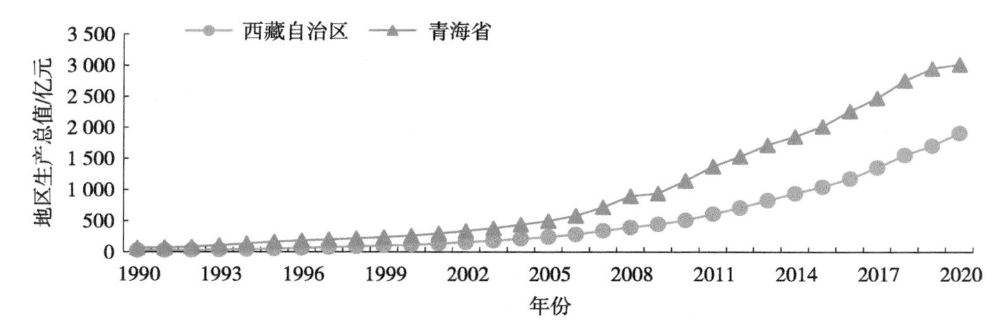

图 5-33 1990—2020 年西藏自治区和青海省生产总值变化

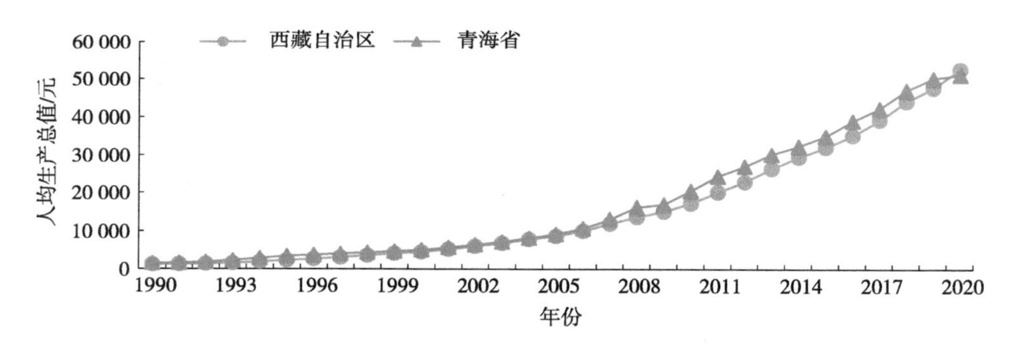

图 5-34 1990—2020 年西藏自治区和青海省人均生产总值变化

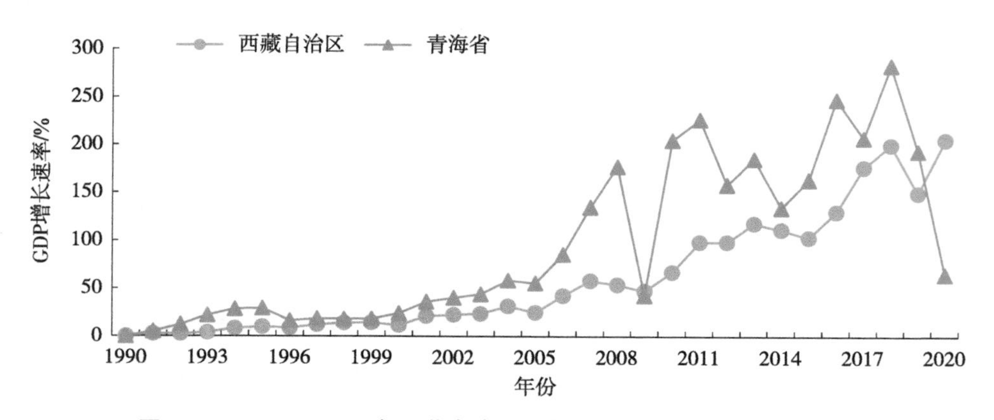

图 5-35 1990—2020 年西藏自治区和青海省生产总值增长速率变化

青藏高原的GDP空间差异性显著，以省会城市为中心呈点状聚集分布（图5-36）。从市级行政区划来看，2020年青藏高原多数市级行政单元均低于100万元/km²，GDP空间分布密度排在前三位的是西宁、海东和拉萨，分别为1 737.13万元/km²、359.36万元/km²和207.86万元/km²；GDP密度最低区域是阿里地区，仅为0.63万元/km²。从县级行政区划来看，绝大多数县（区）GDP密度低于1 000万元/km²，GDP密度高值区集中位于城西区、城东区、城北区和城中区等西宁市辖区，城关区、堆龙德庆区等拉萨市辖区，以及日喀则市所辖的桑珠孜区。其中，城西区GDP密度最高，达到了45 279.98万元/km²，阿里地区改则县最低，仅为0.26万元/km²。

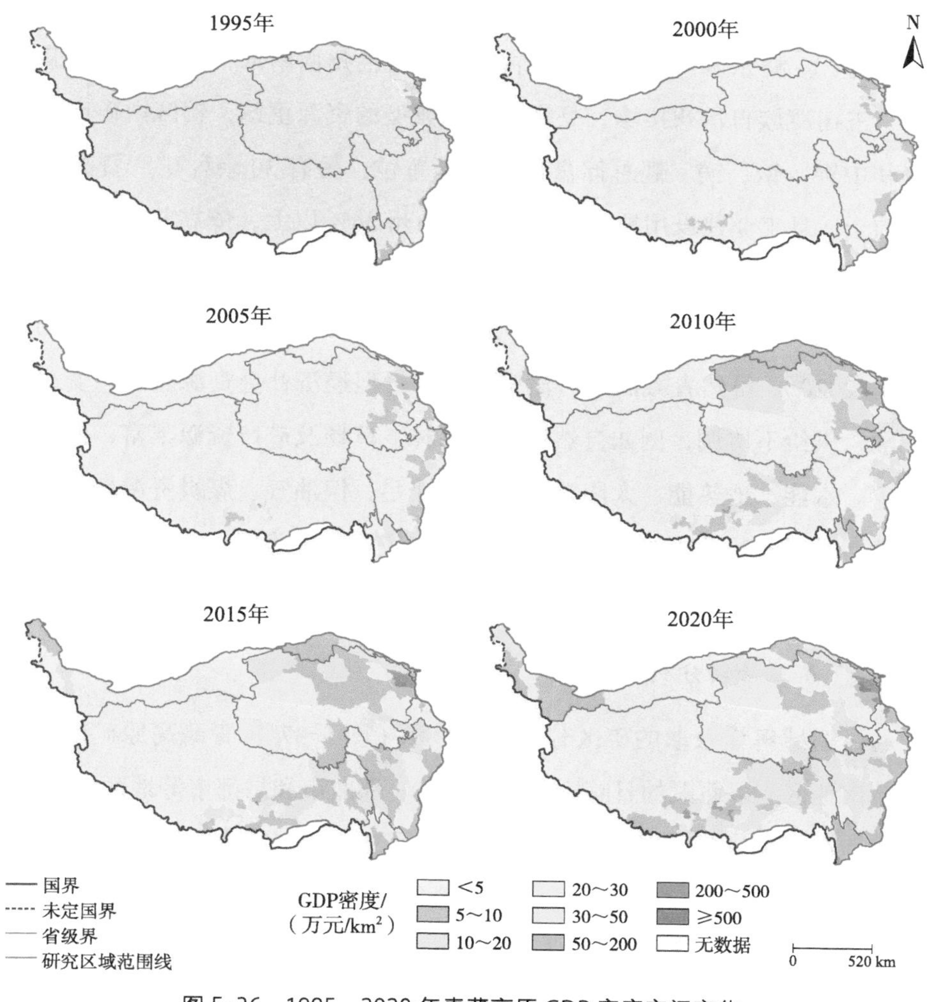

图5-36　1995—2020年青藏高原GDP密度空间变化

（二）工业活动发展

工业化是城镇化的根本动力，工业的整体发展趋势及内部结构状况会直接影响到一个国家或地区的城镇化水平（马玉英，2006）。厂矿、大型工业区、油田、盐场、采石场等用地以及交通道路、机场及特殊用地等工业建设用地的修建面积及强度，能够一定程度上展现区域城镇化和社会经济的发展水平。2020 年，青藏高原工业建设用地面积为 1 121 km^2，主要分布在海西蒙古族藏族自治州、海南藏族自治州、阿坝藏族羌族自治州和西宁市，分别为 895 km^2、66 km^2、17 km^2 和 17 km^2，拉萨市、林芝市、海东市均不足 10 km^2，差距显著。1990—2020 年，青藏高原工业建设用地面积增加 829 km^2，以海西蒙古族藏族自治州增加最为显著，达到了 664 km^2，年均增长面积为 25.56 km^2，远超其他地级市（州、地区）。格尔木市位于海西蒙古族藏族自治州西南部，与巴音郭楞蒙古自治州、玉树藏族自治州接壤，是青藏高原典型的资源重镇，辖区内矿产资源丰富，其中钾、钠、镁、锂总储量位居全国首位，另有 30 余种矿产资源储量居全国前十，且工业建设用地面积占据了海西州 35% 以上，依靠着青藏铁路带来的区位优势和丰富的工矿资源，加之在青藏高原属于工业起步较早的城市，相比同时期其他县域较早进行了工业化改革，综合发展指数一直处于较高的水平（张越，2020）。虽然青藏高原自然资源丰富，但经济社会资源匮乏，资源结构不匹配，供给不协调，例如自然资源中森林、草场及矿产资源丰富，但耕地资源较少。水能、地热能、太阳能、风能等充足，但油气、煤炭资源较少，加上经济结构是以农牧业为主体的自然经济，农牧业基础脆弱，工业基础薄弱，能源、交通等成为青藏高原经济发展的主要“瓶颈”（成升魁 等，2000）。

（三）矿业活动分析

通过遥感解译获取的矿区分布资料显示（图 5-37），青藏高原矿区主要分布在西南地区，以西藏的日喀则市、拉萨市、那曲市和昌都市等地区最为集中。从县级行政区划来看，以谢通门县、墨竹工卡县和安多县矿区数量较多，分别为 64 座、51 座和 49 座矿区。矿区数量排名前二十的区（县）绝大部分分布在西藏，共有 17 个县，相比之下青海仅有 3 个县位于列其中。

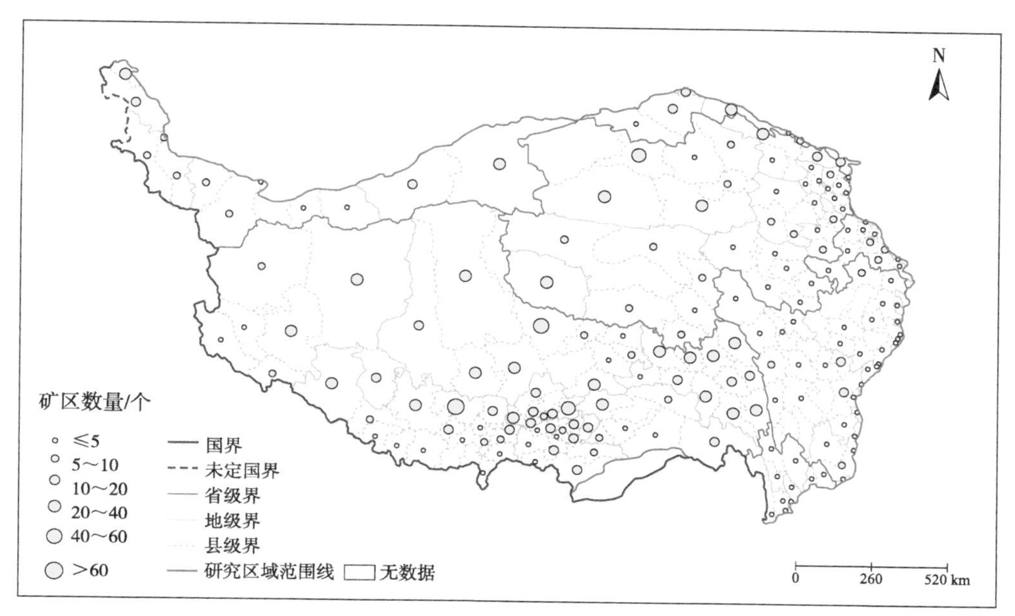

图 5-37　青藏高原矿区数量空间分布

三、旅游业发展

青藏高原旅游景点数量呈现西南部以拉萨市为中心聚集，东部边缘地区集中态势，共有 4 464 个景点，青海（1 429 个）、西藏（1 401 个）和四川（1 088 个）旅游景点数量明显超过其他 3 个省（自治区）（云南 268 个、甘肃 225 个和新疆维吾尔自治区 53 个）（图 5-38）。

从地级市行政区划来看，以四川省阿坝藏族羌族自治州和甘孜藏族自治州景点数量分布最多，分别为 574 个和 413 个；其次是西宁市和拉萨市，景点数量均为 319 个；此外，景点数量分布超过 100 个的市域（地区、自治州）中有 17 个，其中青海 6 个、西藏 7 个、四川 2 个、甘肃和云南各 1 个。

从县级行政区划来看，西藏城关区景点数量分布最多，共 246 个景点，其次分别是云南省香格里拉市和四川省九寨沟县，景点数量分别为 141 个和 117 个。青藏高原排名前二十的县级区划单位景点数量均在 49 个及以上，其中西藏有 2 个（城关区和巴宜区）、云南 1 个（香格里拉市）、四川 7 个（九寨沟县、松潘县、康定市、宝兴县、汶川县、小金县和若尔盖县）和青海 10 个（湟中区、大通回族土族自治县、共和县、格尔木市、城中区、乌兰县、城东区、德令哈市、祁连县和城西区）。

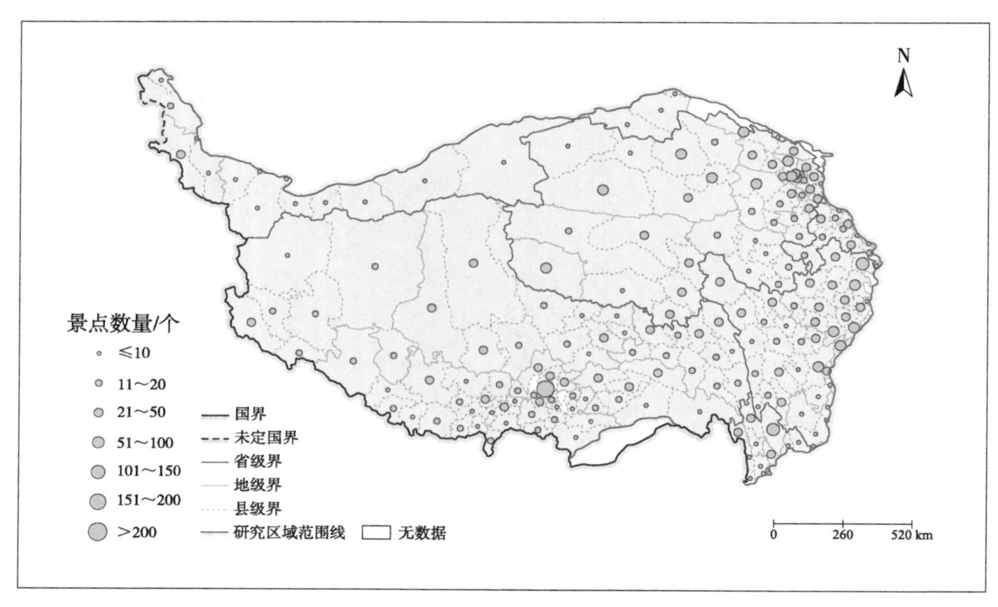

图 5-38　青藏高原景点数量空间分布

四、重大设施工程建设

（一）道路交通建设情况分析

受严酷自然条件、恶劣气候和多年冰川冻土等因素限制，长期以来青藏高原交通发展落后。自实施西部大开发战略以来，在国家的大力投资下，交通基础设施得到改善。1976—2016 年青藏高原道路空间分布数据显示（图 5-39），高原交通网络复杂性和区域连通性显著增强，已经初步形成格状交通网络，中心城市作为青藏高原地区的发展级核，与周围地区通达状况有了极大提高（高兴川 等，2019）。2016 年青藏高原交通线路总长达 69 155.52 km，相比于 1986 年的 38 668.25 km，道路长度增长 78.84%，年均增长率约为 2.63%。

青藏高原道路交通建设根据其拓展速度可分为 3 个阶段：①低速发展阶段，1986—1996 年交通线路长度增加 940.86 km。②高速增长阶段，1997—2006 年交通线路长度增加 20 356.38 km，其中，高速公路、省道、县道、铁路长度分别增加了 630.82 km、1 443.27 km、16 869.83 km 和 1 171.39 km。新建道路主要分布在西北部和中部人烟稀少地区，如阿里地区北部、那曲市北部、巴音郭楞蒙古自治州、和田地区、海西蒙古族藏族自治州西南部和玉树藏族自治州等地区。③中高速增长阶段，2007—2016 年交通线路长度增加 9 190.03 km，其中高速公路和县道增长较快，路线长度分别增长 2 199.78 km 和 6 726.22 km，增幅分别超过 340% 和 23.37%（高兴川 等，2019）。

伴随道路建设及营运，也带来了一系列复杂的生态问题。道路修建不仅使永久占地范围内（路基）的草原植被被铲除，而且导致临时用地范围内（含取弃土场、施工场站和施工便道等）的原生植被遭到破坏，且未及时修复，使公路沿线裸地面积增加，植被覆盖度降低、种子库密度降低（郭淑梅 等，2020；陈学平 等，2018），导致水土流失、加速冻土上限的下降等环境问题（张磊 等，2016）。此外，高速公路与国道、铁路等相互交织，尤其是在湟水河谷地区、“一江两河”等地区已经逐渐形成交通廊道，野生动物要穿越 3 条公路和双重隔离栅才能到达公路另一侧，而野生动物廊道利用率不高，仅有狐狸和狼等体型相对较小的动物对通道的适应力较强，而对藏野驴和藏原羚等大型动物则产生较严重的阻隔影响（王云 等，2020）。

2020 年青藏高原交通强度平均值为 0.14，其空间分布形成以青海省西宁市、海东市，西藏自治区拉萨市为中心的交通发展极，并向周边城市乡镇扩展。青藏高原西宁市、海东市道路交通发展较好，其交通强度最高，分别达到了 0.79 和 0.74，相比之下，拉萨市交通发展较弱，其交通强度仅为 0.43，发展差距较大，地理位置带来的弊端较为显著。在交通强度排名前十的市域（地区、州）中，青海占据 4 个，且排名较为靠前，而西藏仅拉萨市位居其中，且排名垫底，可见青海的交通建设条件明显优于西藏。青藏高原东部地区交通建设条件相对较好，1990—2020 年，青藏高原道路建设集中在东部、西南部地区，交通强度提升较明显，其西北部及中部地区由于自然及地理条件的限制，道路拓展速度缓慢。

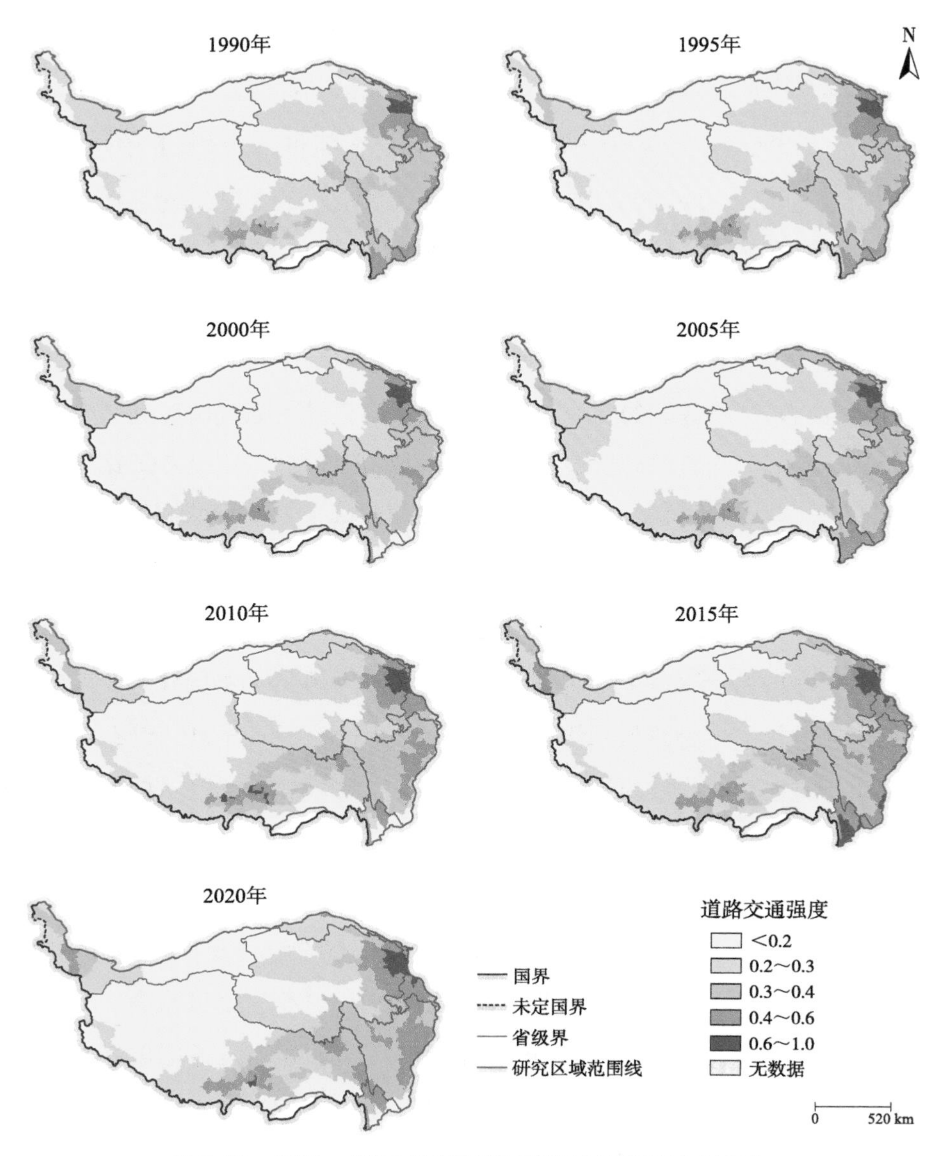

图 5-39　1990—2020 年青藏高原道路交通强度空间变化

（二）高原水电站建设情况分析

青藏高原是亚洲主要大河的发源地，包括亚洲重要的跨境河流印度河、恒河、雅鲁藏布江—布拉马普特拉河、怒江—萨尔温江、澜沧江—湄公河及中国长江和黄河等（龙笛　等，2022），水利资源极其丰富，水电设施建设潜能大。青藏高原具有大型水电站开发的良好优势，目前已建和在建大型水电站共 20 余座，其中建成水电站共 11 座，正在建设水电站共 11 座，主要分布在青藏高原东部和南部的河流峡谷地区，建设强度呈现站点集中，周边分散趋势（图 5-40）。青藏高原的重大设施工程建设强度指数呈现逐年递增的变化趋势，从 1990 年的 1.88% 上升至 2019 年的 2.85%，升幅达到 51.60%。其中，位于黄河流域的拉西瓦水电站、李家峡水电站的建设使青海东北部地区的重大设施工程建设活动强度增大。

图 5-40　青藏高原水电站站点空间分布

五、城乡建设活动强度分析

从空间分布来看，1990—2020 年青藏高原城乡建设活动强度（图 5-41）呈现“东南高、西北低”的总体空间格局。高值区聚集在西宁市及周边所在的河湟谷地地区、拉萨市及周边所在的“一江两河”地区、三江并流（金沙江、澜沧江和怒江）云南段地区以及各地县政府驻地。2020 年，西宁市、海东市建设强度最高，均达到了 0.36 以上，拉萨市则位于第 16 位，城乡建设强度仅为 0.21，与西宁市、海东市等青藏高原东部地区城市相比差距较为明显。城乡建设强度排在前二十的市域，依次包括四川 6 个、青海 5 个、甘肃 4 个、西藏 3 个、云南 2 个（甘肃、四川、云南一些市域仅部分地区位于青藏高原）。中西部、西北部地区则由于生态环境的恶劣与自然资源的匮乏，区域城乡发展水平均值低于 0.05，城乡发展水平很弱。

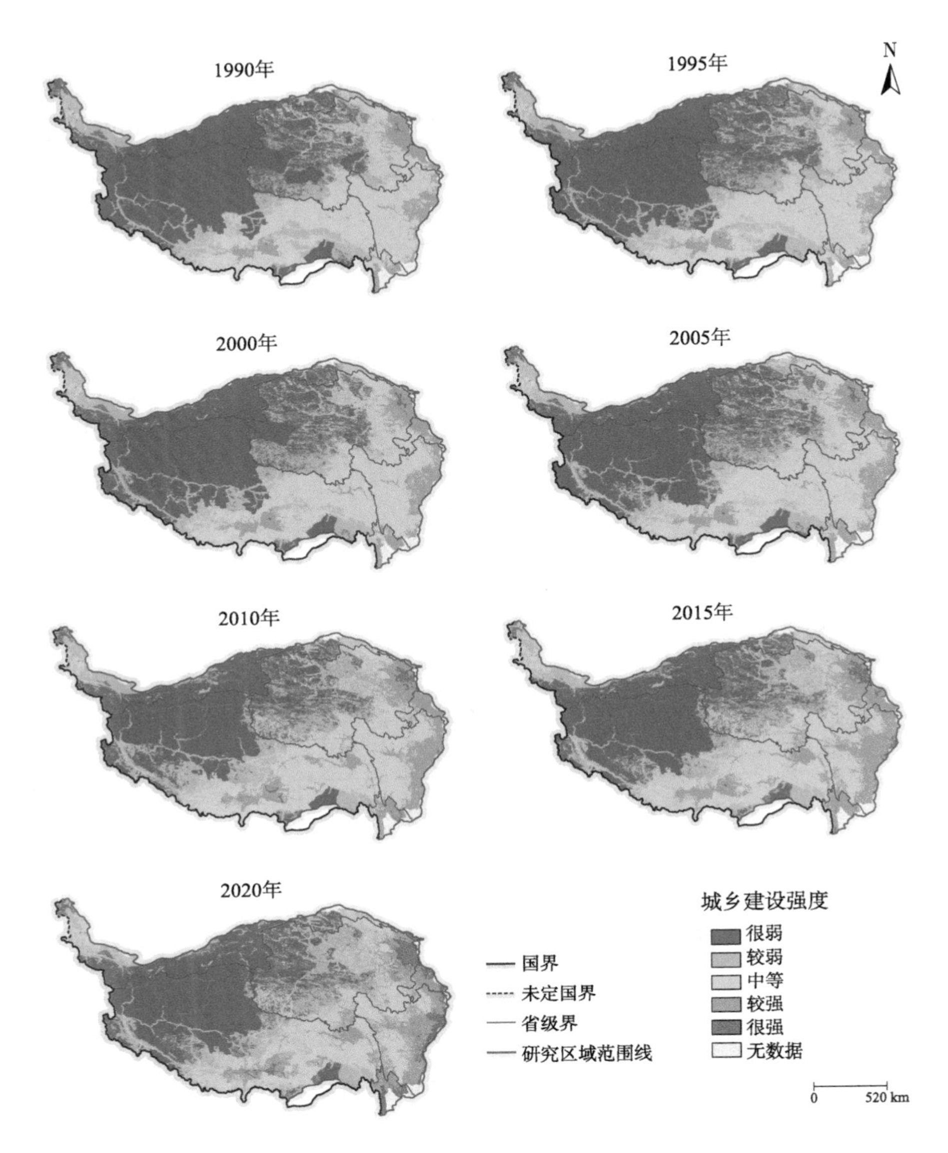

图 5-41　1990—2020 年青藏高原城乡建设强度空间变化

从多年变化趋势来看，1990—2020 年青藏高原城乡建设活动强度呈指数增长，2000 年青藏高原平均城乡建设活动强度指数为 0.08，2020 年其强度指数达到了 0.11，呈现稳定增长趋势（图 5-42），其中建设强度增长较快的区域主要集中在东部和东南部边缘地区。1990—2020 年，从省级行政区划来看，青藏高原各省份城乡建设活动强度均呈增长趋势，城乡建设强度变化趋势为云南＞四川＞甘肃＞青海＞西藏＞新疆，虽然各省份城乡建设活动强度均呈现增长趋势，但是这并没有缩小各省份间的差距，反而随着时间的发展，使得各省份之间的差距越来越大。统计 1990—2020 年青藏高原县域城乡建设活动强度数值发现，共有 24 个县域城乡建设活动强度指数增长幅度超过 0.10，其中甘肃省合作市上升幅度最大，为 0.13，在所有县域中，超过 190 个县域城乡建设活动强度呈现正增长，仅有 10 个县域呈现负增长态势（图 5-43）。

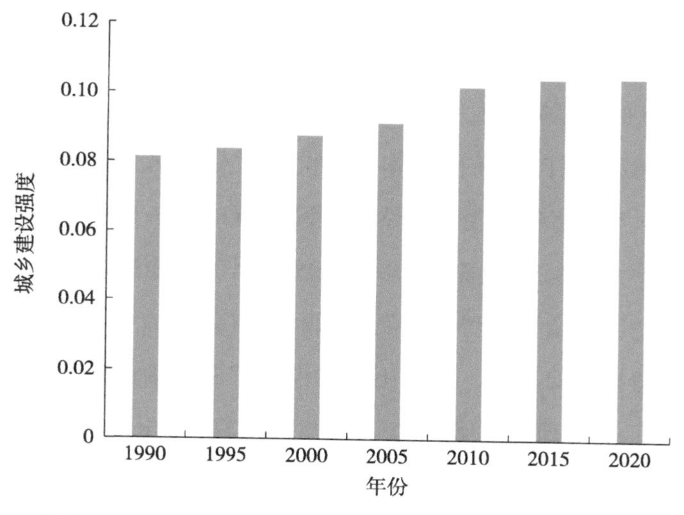

图 5-42　1990—2020 年青藏高原城乡建设强度均值变化

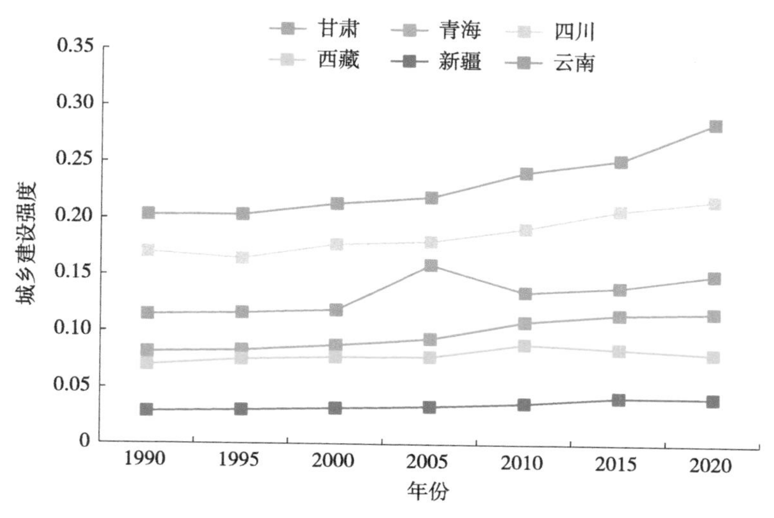

图 5-43　1990—2020 年青藏高原各省份城乡建设强度均值变化

第三节 生态保护与建设

一、自然保护地体系建设

建立自然保护区是保护典型生态系统和生物多样性及珍稀濒危物种资源的基本途径。青藏高原生态系统脆弱、物种丰富度高，自然保护区建设对青藏高原生物多样性保护和可持续发展具有重要意义（张镱锂 等，2015a）。

近 30 年青藏高原自然保护地体系建设强度显著增长，大概可分为 3 个阶段：1990—1995 年快速建设期，自然保护区相继成立，自然保护地体系的建设明显加快，保护力度提升明显；1996—2005 年属于中高速增长期，自然保护区建设强度呈相对快速增长态势，受到国家和地方政府的重视，在西藏生态安全屏障区、三江源自然保护区、祁连山自然保护区和横断山重要生态功能区等地理单元内实施了一系列的重大生态工程建设项目；2006—2020 年，这一时期，新增的自然保护区数量有所下降，各类生态保护与建设工程进入稳步实施阶段，同时部分区域发展生态旅游业，吸引大量的游客参观（图 5-44 和图 5-45）。从县级区域尺度来看，日喀则市吉隆县、阿里地区改则县、日土县，那曲市双湖县、尼玛县，玉树藏族自治州治多县、曲麻莱县、杂多县，巴音郭楞蒙古自治州若羌县增加最为明显（图 5-44 和图 5-45）。

二、重大生态工程

青藏高原独特的自然地域格局和丰富多样的生态系统使其生态环境具有全球唯一性，是我国乃至北半球的重要生态安全屏障，同时还是我国重要的水源涵养区和典型的生态脆弱区，生态地位独特，生态保护责任重大（张镱锂 等，2015b；王振波 等，2019；陈东军 等，2022）。青藏高原地处生态脆弱区，近几十年来受气候变化和过度放牧等因素的影响，天然草地退化严重，生态系统服务功能下降，草畜矛盾逐渐突出（魏雪，2022）。近年来，国家和地方政府采取了一系列生态工程对退化的生态系统进行恢复与治理，主要涉及天然林保护工程、“三北”防护林工程、退耕还林还草工程、退牧还草工程、草原生态补奖政策等。天然林工程主要覆盖青藏高原东部及中部地区，西北部也有少部分区域，面积约为 83.95 万 km^2；“三北”防护林主要覆盖青藏高原北部，主要包括昆仑山北翼、柴达木盆地以及祁连山脉附近区域，面积约 72.21 万 km^2；退耕

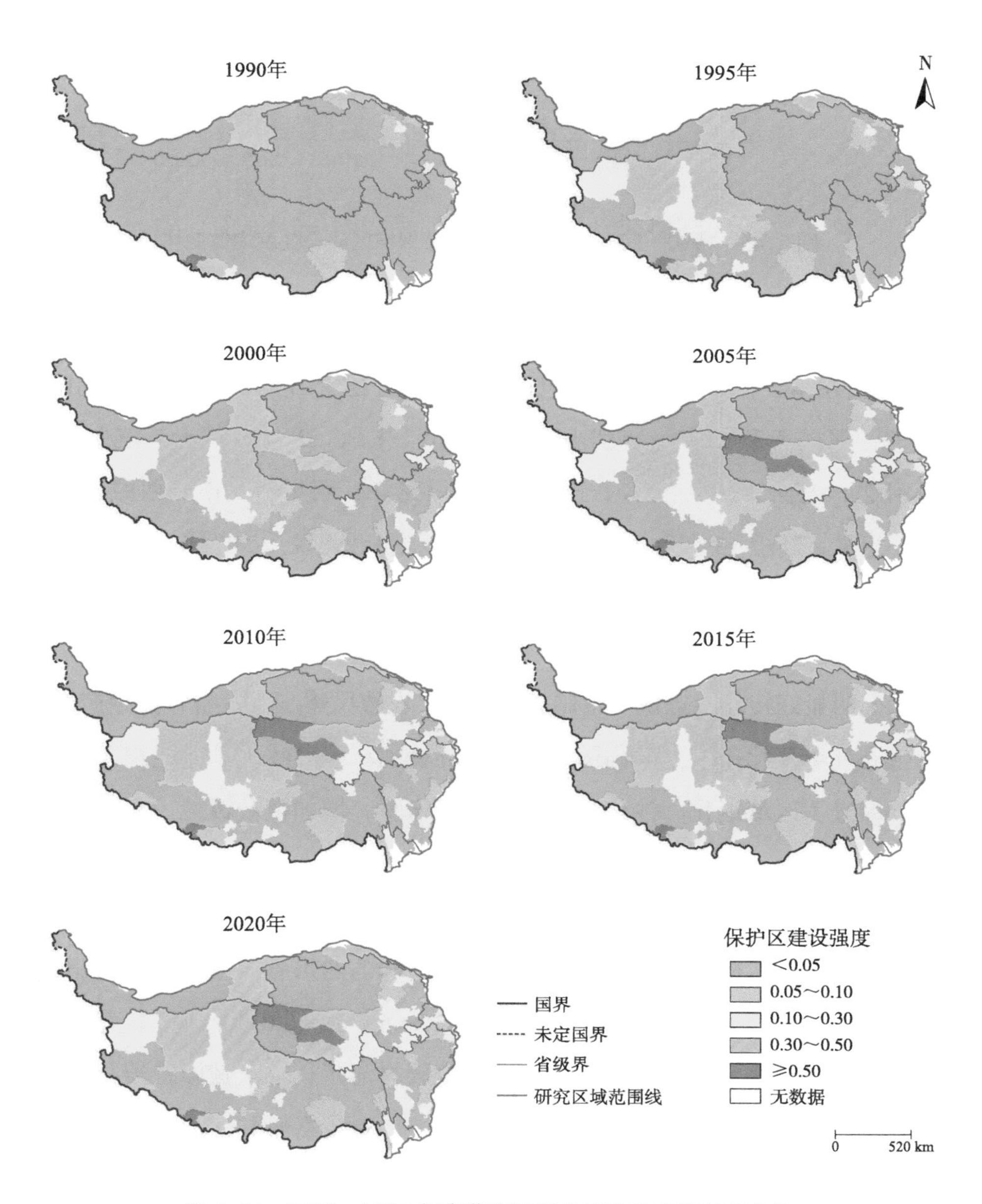

图 5-44　1990—2020 年青藏高原保护区建设强度空间变化

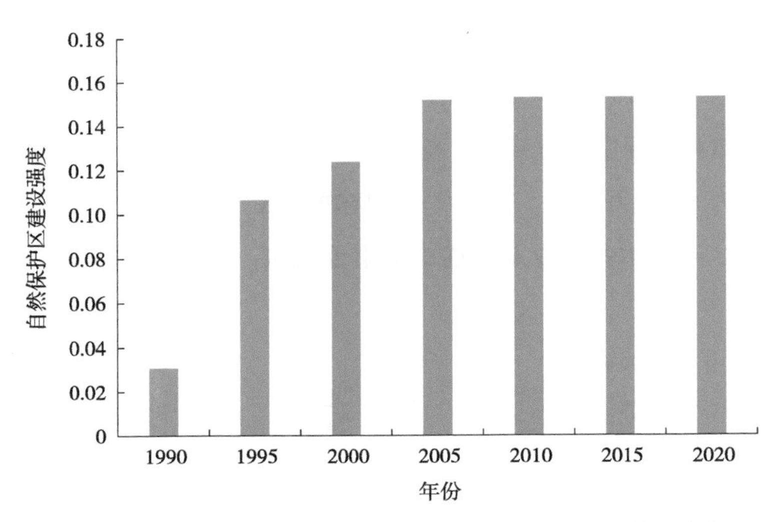

图 5-45　1990—2020 年青藏高原自然保护区建设强度均值变化

还林工程区主要覆盖范围包括高原东部及西北部分区域，占地面积约 103.23 万 km^2；退牧还草工程主要覆盖范围包括羌塘高原、昆仑山脉、祁连山脉及川西藏东区域，覆盖面积最广，达到 164.30 万 km^2（朱斌，2021）。“十三五”期间，涉及河北、山西、内蒙古、辽宁、吉林、黑龙江、四川、云南、西藏、甘肃、青海、宁夏、新疆 13 个省（自治区）以及新疆生产建设兵团的第二轮草原生态补奖政策开始实施，中央财政共计投入 938 亿元，其中 778 亿元用于禁牧补助和草畜平衡奖励，160 亿元用于绩效奖励。随着这些生态工程的实施，青藏高原生态状况明显好转，生态恢复整体成效显著，农牧民逐步转变畜牧业生产方式，草原生态环境恶化的势头得到遏制，生态环境和草原畜牧业基本生产条件得到改善，促进了区域退化、沙化和碱化的自身恢复，增加植被覆盖，实现区域可持续发展。

从空间分布来看（图 5-46），青藏高原东部、东南部区域生态工程面积占比显著高于中部、西部，其中位于青藏高原东南部的四川省甘孜藏族自治州、阿坝藏族羌族自治州生态工程面积占比最多，分别达到了 0.30、0.26。青海省以玉树藏族自治州、黄南藏族自治州、海南藏族自治州、果洛藏族自治州生态工程面积占比居多，其均值约为 0.14。除此之外，青藏高原其余地区生态工程面积占比大多低于 0.10。从县级区划看，2015—2020 年生态工程面积占比分布以四川省石渠县、红原县、阿坝县、甘孜县、色达县和若尔盖县居多，占比均超过 0.35。在排名前二十的县级区划中，四川省占据了 18 位，西藏自治区仅有 2 个县位居其中。就面积占比而言（图 5-47），青海省生态工程面积分布较少且排名靠后。从生态工程投资强度分析，西藏自治区阿里地区改则县、日土县，那曲市尼玛县、双湖县投资强度高，其中改则县、双湖县投资强度均值约为 0.94，日土县、尼玛县投资强度均值约为 0.57，显著高于青藏高原东部地区。但是，改则县、日土县、尼玛县、双湖县的生态工程面积占比均低于 0.08，远低于四川省石渠、红原等县，其规模投资和生产效益明显失衡。由于青藏高原西部地区生态环境十分脆弱、面积广袤、地形复杂、交通基础设施落后，造成保护难度大，相比于石渠县、红原县、阿坝县等地区，投资规模需求大且持续时间长，其生态价值才有可能逐步体现。

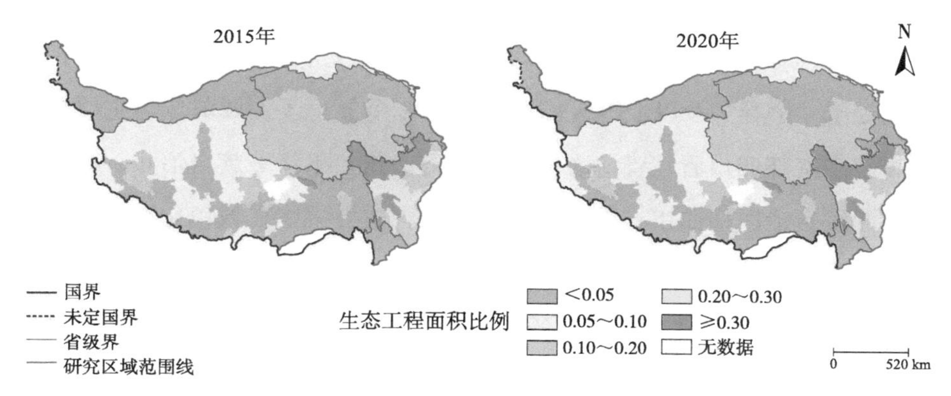

图 5-46　2015、2020 年青藏高原重大生态工程实施面积占比空间分布

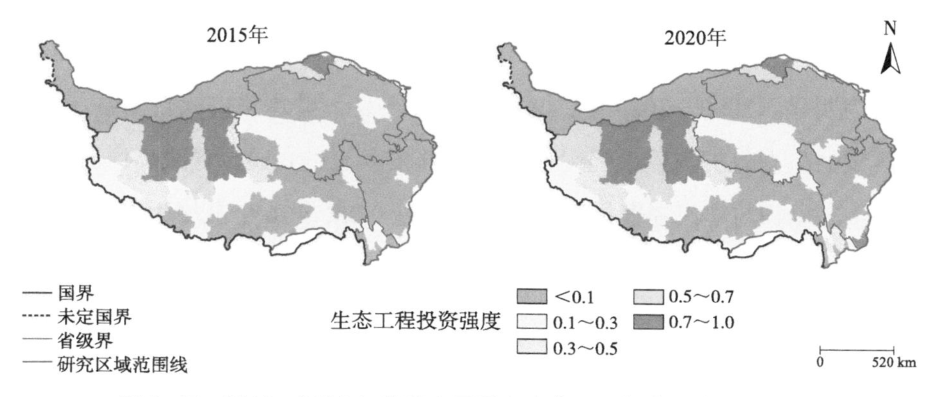

图 5-47　2015、2020 年青藏高原重大生态工程投资强度空间分布

三、生态保护与建设力度分析

青藏高原生态保护与建设强度高值区主要集中在东南部和西部地区，由于生态工程自2000年之后才开始大规模进行建设，因此1990年、1995年青藏高原生态保护与建设强度均处于很弱、较弱的强度等级，这期间主要是通过划定自然保护区的方式进行重点区域的生态保护。自2000年之后，中央和地方政府日益重视青藏高原典型生态脆弱区生态工程保护与建设，积极采用重大生态工程的方式保护生态环境，取得了重大成果。从空间分布上看（图5-48），2020年，青藏高原处于生态保护与建设强度“很强”等级的区域一共有10个县（区）域，四川省占据7个、西藏自治区2个和甘肃省1个，其中四川省盐源县生态保护与建设强度最高，达到了0.23；其次是甘肃省肃北蒙古族自治县和西藏自治区改则县、双湖县，其强度均达到0.16及以上。青藏高原生态保护与建设强度处于“中等”及以上等级的区域共102个县（区）域单位，主要分布于青藏高原东南部四川省，青海省玉树藏族自治州、果洛藏族自治州、海南藏族自治州西藏自治区那曲市、阿里地区等地区，主要集中在城镇化程度较低、人类活动影响较小的区域。

从青藏高原全区来看（图5-49），1990—2020年生态保护与建设强度呈稳定增长趋势，2020年生态保护与建设强度（0.092）比1990年（0.048）增长91.67%，年均增长率约为3.06%。从市域变化角度看，西藏自治区的阿里地区和那曲市生态保护与建设强度从中等等级提升至较强等级，四川省甘孜藏族自治州和阿坝藏族羌族自治州生态保护与建设强度从较强等级提升至很强等级，变化最为明显。2000—2020年，盐源县、改则县、肃北蒙古族自治县、双湖县四个县域的生态保护与建设强度指数的提升幅度超过0.10，青藏高原超过35个县域的生态保护与建设强度指数提升幅度超过0.05，176个县域生态保护与建设强度呈现增长趋势，仅19个县域出现负增长情况。

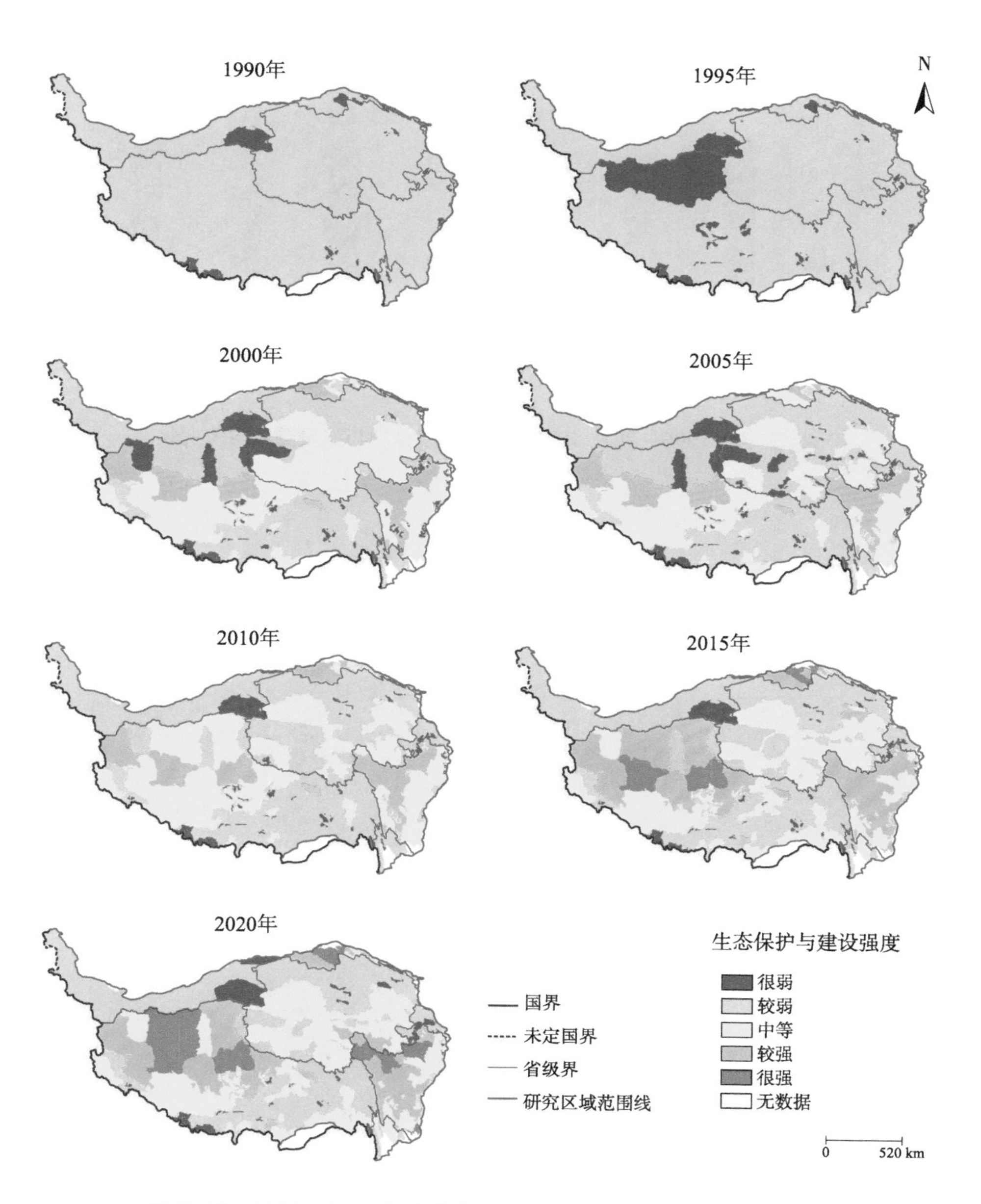

图 5-48　1990—2020 年青藏高原生态保护与建设强度空间分布

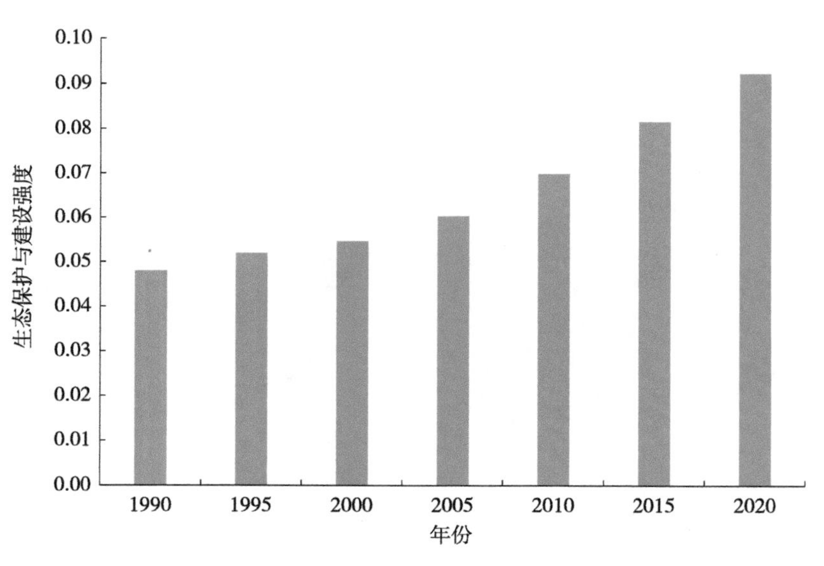

图 5-49　1990—2020 年青藏高原生态保护与建设强度均值变化

第六章

青藏高原人类活动强度时空格局

本章基于城乡建设、农牧业活动及生态建设和保护为主导类型的高原人类活动“三元”结构，定量表征了1990—2020年青藏高原人类活动结构和强度，同时以2020年青藏高原人类活动强度现状为基础，利用*K*-均值聚类算法对青藏高原人类活动强度进行聚类分析，并根据青藏高原人类活动的基本分布与现状特征进行调整，然后以人类活动强度空间上的自然过渡为主要依据，划分青藏高原人类活动强度主导区，将青藏高原人类活动划分为高强度人类活动主导区、中等强度人类活动主导区、低强度人类活动主导区和近无人类活动干扰区4类主导区，系统揭示了青藏高原人类活动的过程及其时空格局与分异规律。

第一节　人类活动强度时空特征

一、空间分布特征

青藏高原人类活动强度指数（HI）（通过各类人类活动强度综合计算和反映）总体偏低，多年均值为0.279，以较弱和很弱为主，表明青藏高原人类活动强度整体状况较弱。从各等级的面积比例来看（图6-1），青藏高原地区人类活动以中等强度为主，面积约占高原总面积的42.56%；其次为较强等级，面积约占高原总面积的25.29%；较弱等级面积比例居第三，约占高原总面积的14.45%；很弱和很强的面积均比较少，分别占高原总面积的10.07%和7.63%。

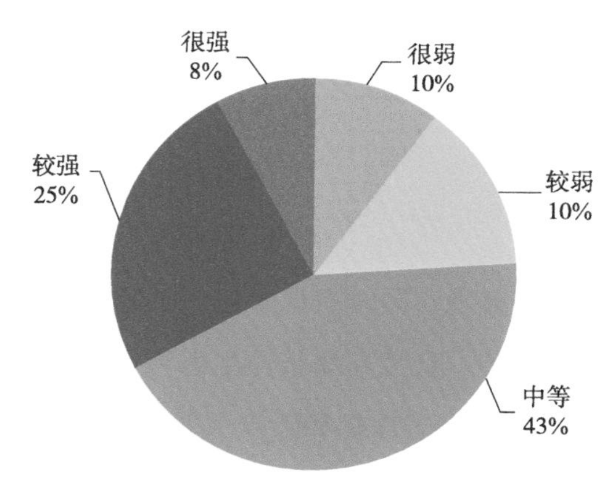

图6-1　2020年青藏高原人类活动强度综合评估分级构成

从空间分布来看，人类活动强度指数（HI）的高值区（很强和较强等级）集中在青海湟水谷地和西藏“一江两河”地区，中值区主要分布在藏南高山灌草丛、柴达木盆地荒漠区和三江源高寒草原区等区域，低值区（很弱和较弱等级）主要集中在羌塘高原广域的高寒草原和荒漠以及喜马拉雅山南翼森林区域（图 6-2）。人类活动强度高值区以西宁市和拉萨市为中心点向周围辐射。城镇地区的人类活动指数明显高于其他地区，其主要原因是城市人口更为集中，工业化水平更高，交通设施四通八达，人类活动强度更高；“一江两河”地区为耕地的分布集中区，农业发达，人类活动频繁，人类活动强度大；青海湟水谷地人口分布密度大，城镇化水平高，同时草地资源丰富，牲畜数量较多，人类活动强度也比较大；东南部地区城镇化水平不断提高，交通条件不断改善，不仅促使了本地人口的增加，还吸引了其他地区外来游客的进入，在一定程度上也导致了人类活动强度的增加。高原西北部的羌塘高原植被类型以高寒草原和荒漠为主，气候条件恶劣，水资源短缺，温差大，海拔高，空气稀薄，生存条件差，人烟稀少，缺乏交通设施，人类活动强度小；东部地区森林茂密，林冠较高，野生动物分布较为集中，人口稀少，人类活动弱，人类活动强度也较小。

积极的生态建设减缓了人类活动扰动。2000 年以来，青藏高原地区先后实施了退耕还林（草）工程、退牧还草工程、草原生态补奖政策、三江源自然保护区生态保护和建设工程、西藏生态安全屏障等工程，制定实施了《青藏高原区域生态建设与环境保护规划（2011—2030 年）》（国务院，2011），成为国家生态安全格局中“两屏三带”的重要组成部分。此外，截至 2019 年，青藏高原各类保护区共计 155 个，占全高原面积的 32.35%，形成了空间布局较为合理、保护类型较为齐全的高原自然保护区体系（张镱锂 等，2015）。自然保护区的建立有效降低了人类活动对生态环境的负面影响，同时在维护生物多样性和保障区域生态安全方面发挥了重要作用。上述各类生态保护建设工程对青藏高原的生态环境产生了积极的影响，逐渐开始扭转生态环境恶化的局面。2005 年开始，生态工程的效果逐步显现，同时居民生态保护意识不断增强，积极调整放牧强度，生态环境不断改善，青藏高原整体生态环境呈现“总体趋好”的趋势（张镱锂 等，2015）。三江源生态保护和建设一期工程的评估也表明，三江源地区生态系统总体表现出“初步遏制、局部好转”的态势（邵全琴 等，2017）。

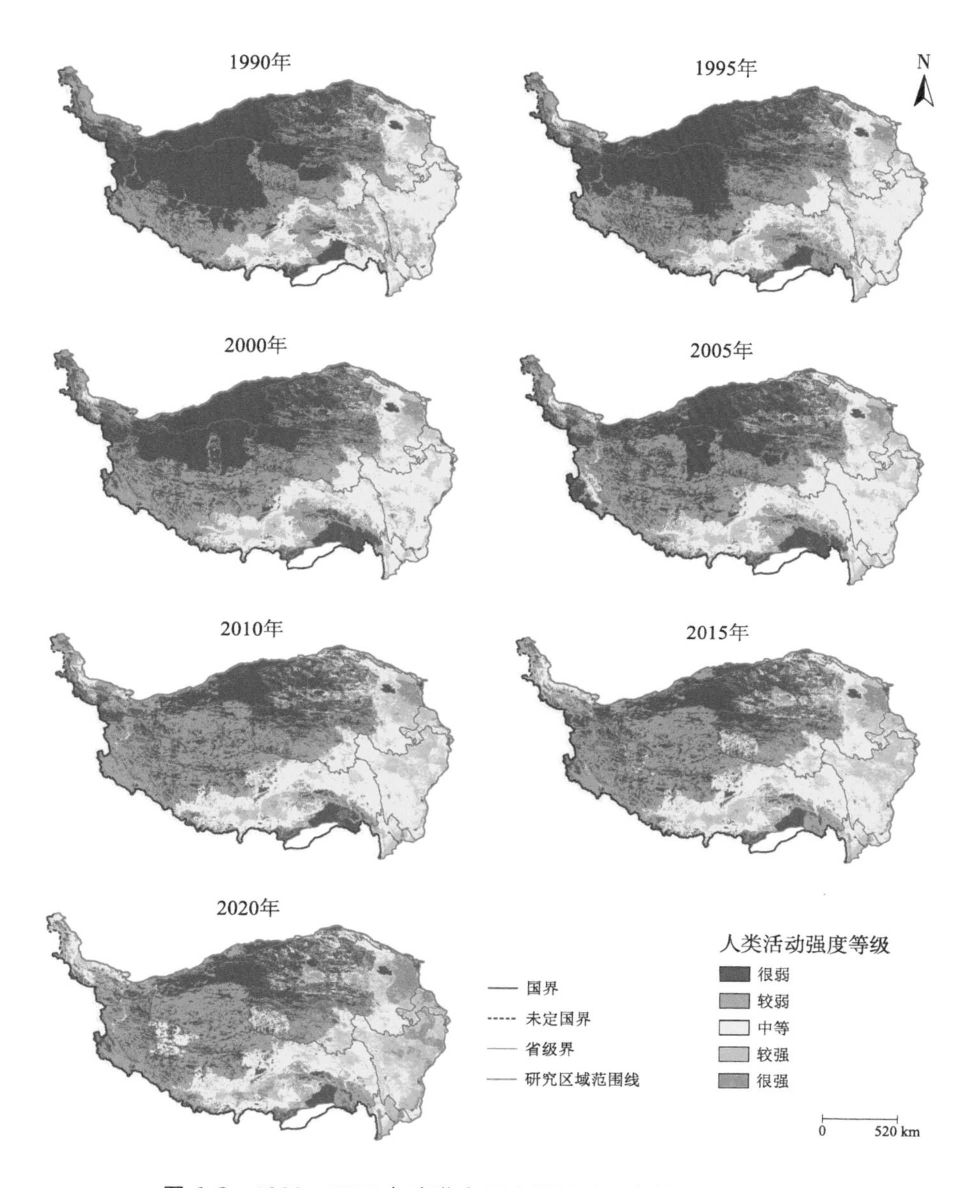

图 6-2 1990—2020 年青藏高原人类活动强度等级空间分布

二、时间变化特征

从时间变化趋势上来看，1990—2020 年，青藏高原的人类活动强度指数（HI）呈现波动增加的变化趋势，由 2000 年的 0.197 增加到 2020 年的 0.242，增幅达到 18.49%，平均每年增加 0.62%，其中较强和很强等级的面积占比由 6.82% 和

3.23%，分别上升到14.72%和9.00%。近30年人类活动经历了“缓慢增长—快速增长—趋于平稳”的变化趋势，1990—2000年，人类活动强度增加了5.69%；2000—2010年，人类活动强度增加了9.34%；2010—2020年，人类活动强度增加了4.10%。

青藏高原人类活动强度变化指数以有所增强类别为主，面积占比为49.31%，主要分布在藏北高原和青藏高原东南部地区；其次为基本不变类别，面积占比为35.11%；明显增强类别的面积占比为10.59%，在整个高原均有分布；明显减弱和有所减弱类别的面积占比不足5%，集中分布在三江源、祁连山脉南部和雅鲁藏布江峡谷等地区（图6-3和图6-4）。

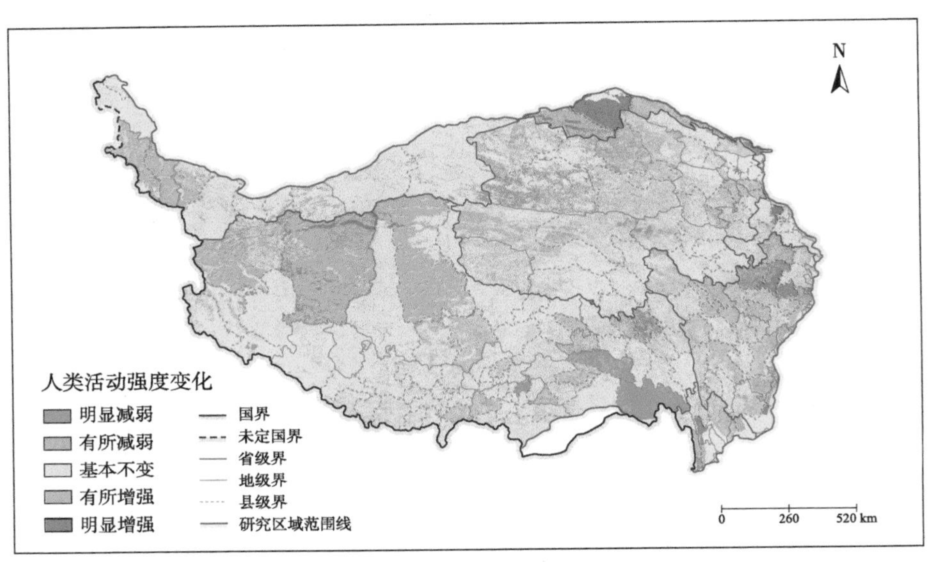

图6-3　1990—2020年青藏高原人类活动强度变化趋势分布

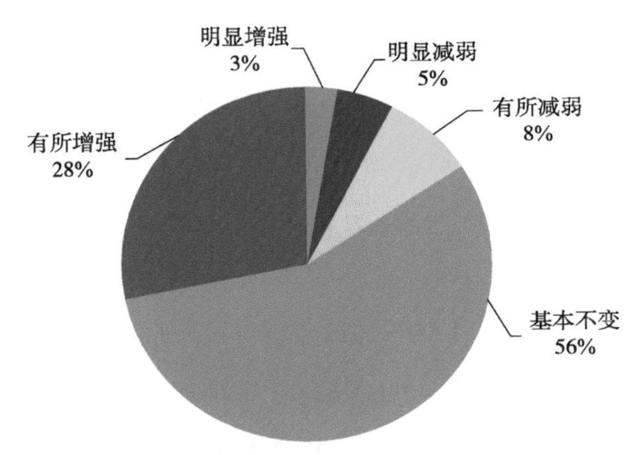

图6-4　青藏高原人类活动强度变化综合评估分级标准及面积构成

第二节　人类活动强度空间分区

一、空间分区格局与变化

青藏高原人类活动强度自东向西呈现高强度、中等强度、低强度、近无人干扰的空间格局（图 6-5）。2020 年，青藏高原区域以低强度（47.17%）和中等强度（28.98%）人类活动主导区为主，其中低强度人类活动主导区面积为 121.76 万 km^2，分布于青藏高原中西部；中等强度人类活动主导区面积为 74.80 万 km^2，分布于青藏高原中东部。另外，高强度人类活动主导区面积为 39.37 万 km^2，占青藏高原地区总面积的 15.25%，主要分布于青藏高原东部及“一江两河”地区，近无人类活动干扰区面积为 22.21 万 km^2，占青藏高原地区总面积的 8.60%，分布于青藏高原北部（图 6-5 和图 6-6）。

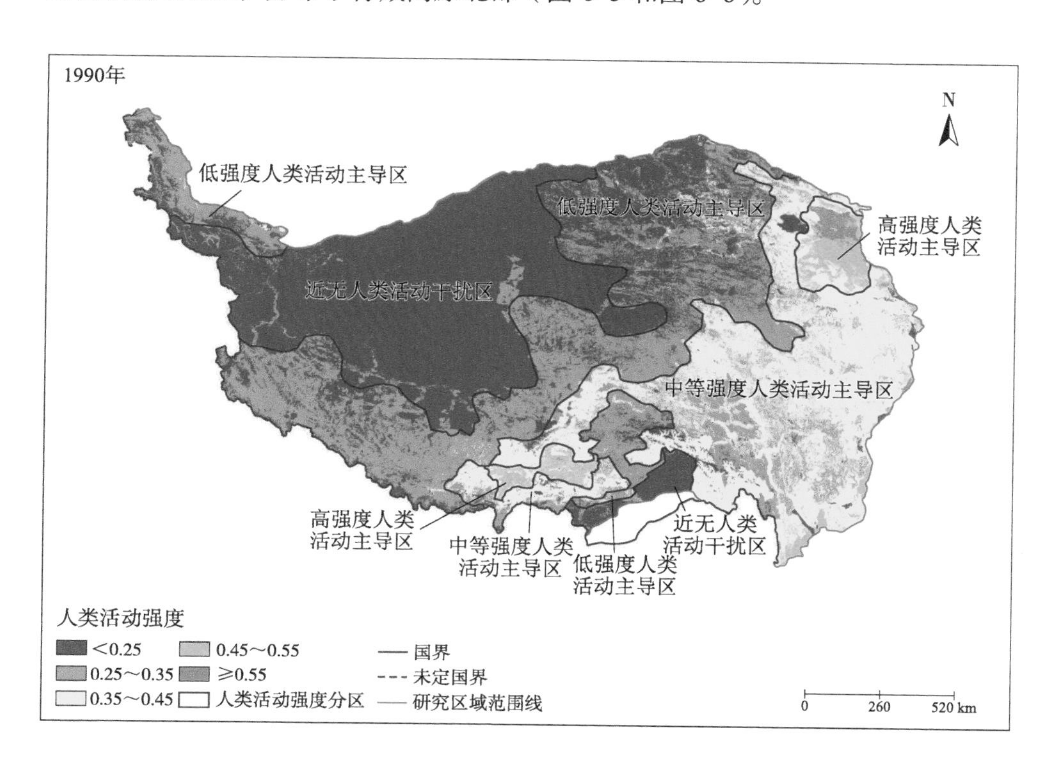

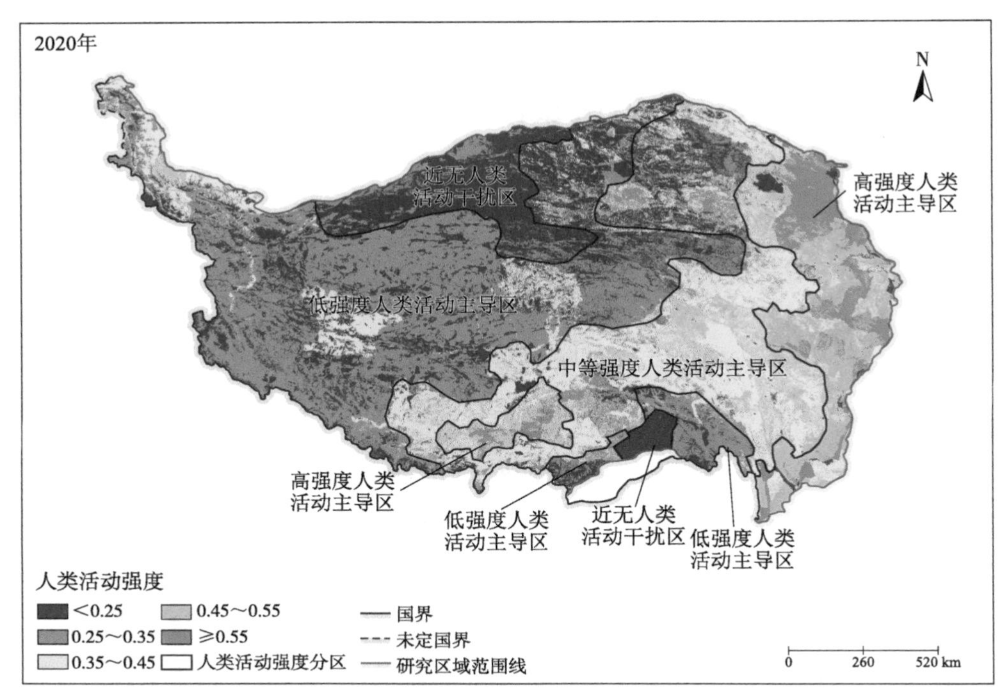

图 6-5　1990 年和 2020 年青藏高原人类活动强度空间分区分布

1990—2020 年，青藏高原地区的高强度人类活动主导区主要从西宁市、拉萨市都市圈扩展到河湟谷地、西宁市都市圈和“一江两河”地区等地，面积从 1990 年的 10.14 万 km^2 增加到 2020 年的 39.37 万 km^2，增长了 2.88 倍，占青藏高原地区总面积的比例从 3.93% 增加到 15.25%。中等强度人类活动主导区在西北部增加明显。中等强度人类活动主导区向高强度人类活动主导区转化广泛分布于高原东部，面积从 1990 年的 76.46 万 km^2 下降到 2020 年的 74.80 万 km^2，占青藏高原地区总面积的比例从 29.62% 减少到 28.98%。低强度人类活动主导区在中西部显著增加，主要表现为近无人类活动干扰区向低强度人类活动主导区转化，面积从 96.72 万 km^2 增加到 121.76 万 km^2，占青藏高原地区总面积的比例从 37.47% 增加到 47.17%。近无人类活动干扰区在西藏自治区减少明显，主要由近无人类活动干扰区向低强度人类活动主导区转化，面积从 74.82 万 km^2 减少至 22.21 万 km^2，减少了 52.61 万 km^2，比例由 28.98% 减少至 8.60%（图 6-5 和图 6-6）。

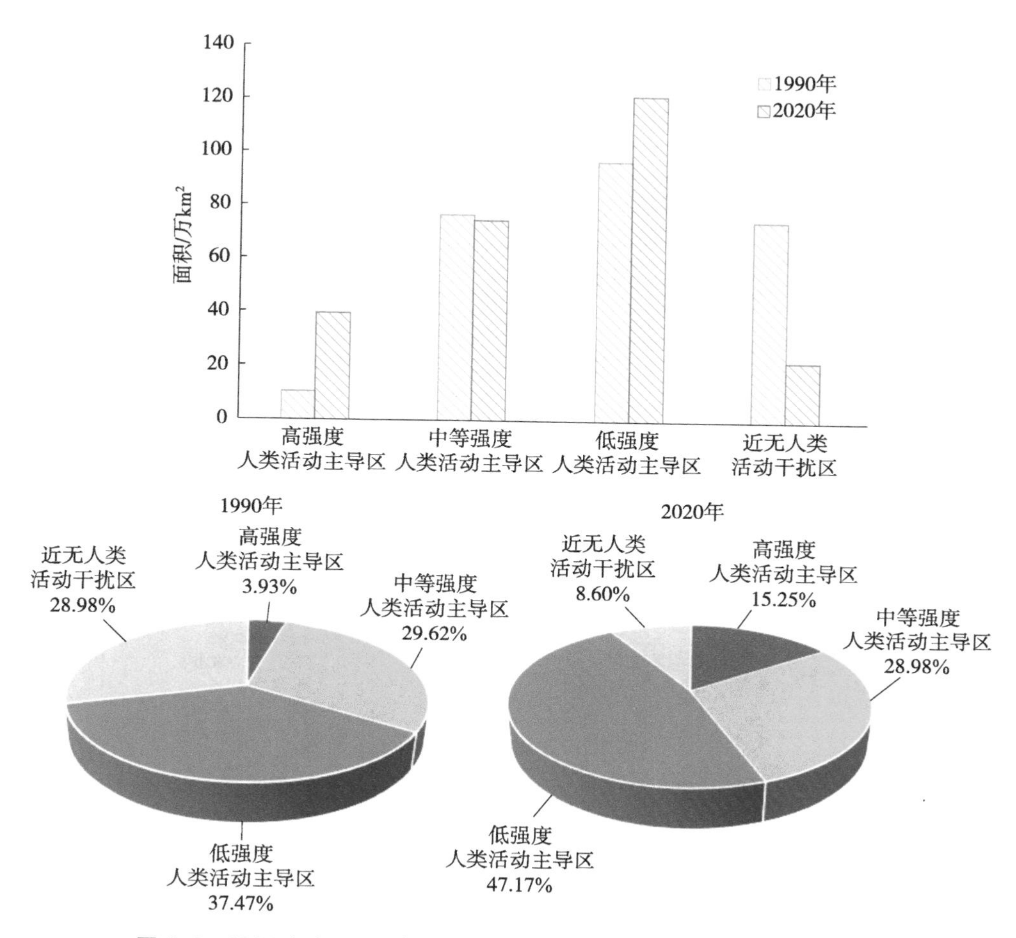

图 6-6　1990 年和 2020 年青藏高原人类活动强度分区面积及面积比例

近 30 年，青藏高原地区人类活动增强态势明显，人类活动增强区面积为 115.30 万 km^2，占青藏高原地区总面积的 44.67%，广泛分布于四川、青海及西藏等地。而人类活动减弱区面积为 6.34 万 km^2，占青藏高原地区总面积的 2.45%，集中分布于西藏东南部地区。人类活动强度未显著变化区域面积为 136.50 万 km^2，比例达到 52.88%。从各人类活动主导区类型转化来看，从近无人类活动干扰区到低强度人类活动主导区（20.29%）、低强度人类活动主导区到中等强度人类活动主导区（12.80%）、中等强度人类活动主导区到高强度人类活动主导区（11.41%）转化的比重较大。从转化区域上看，青藏高原东部地区主要表现为中等、低强度向高、中等强度人类活动主导区转化；西藏和青海北部地区近无人类活动干扰区转换为低强度人类活动主导区面积所占比重较大；拉萨市及周边地区主要表现在低强度人类活动主导区向中等强度人类活动主导区转换（图 6-7）。

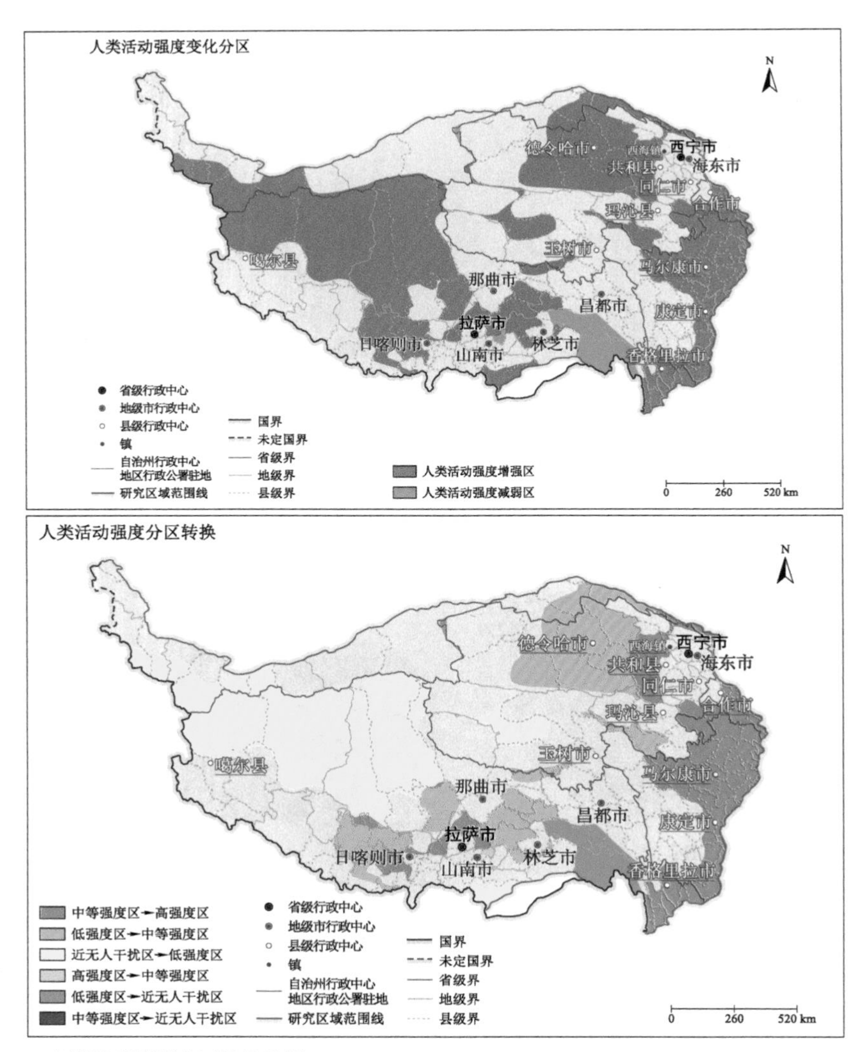

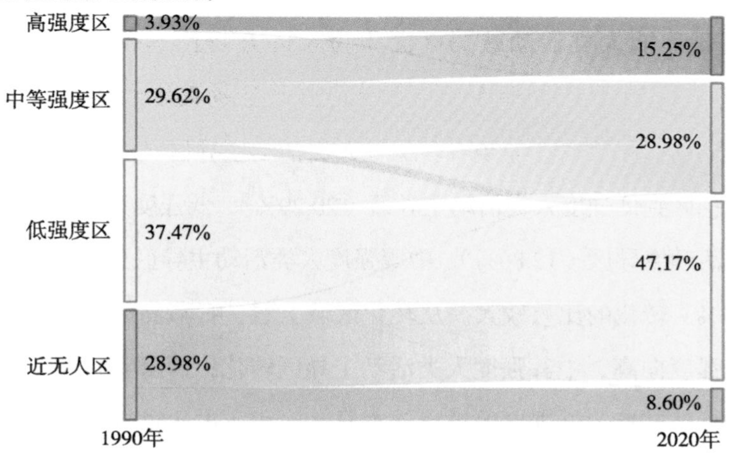

图 6-7 1990—2020 年青藏高原人类活动强度分区变化与类型转换

二、空间分区构成与转变

根据青藏高原人类活动强度特征与 *K*- 均值聚类算法，将 2020 年青藏高原人类活动强度分为 4 个等级，分别为高强度干扰（＞0.45）、中等强度干扰（0.35～0.45）、低强度干扰（0.25～0.35）和极低强度干扰（＜0.25）。以 2020 年青藏高原人类活动强度分区为基础，统计 1990 年和 2020 年各等级人类活动强度在不同人类活动强度分区中的比例变化。

从不同类型人类活动主导区的结构构成来看，2020 年，高强度人类活动主导区以高强度干扰（86.70%）为主，中等强度干扰占 10.73%，极低强度干扰占 2.17%；中等强度人类活动主导区以中等强度干扰（56.75%）为主，低强度干扰、高强度干扰分别占 16.92%、14.36%；低强度人类活动主导区以低强度干扰（56.35%）和极低强度干扰（30.21%）为主，中等强度干扰占 12.61%；近无人类活动干扰区以极低强度干扰（81.83%）为主，低强度干扰占 18.10%（图 6-8）。

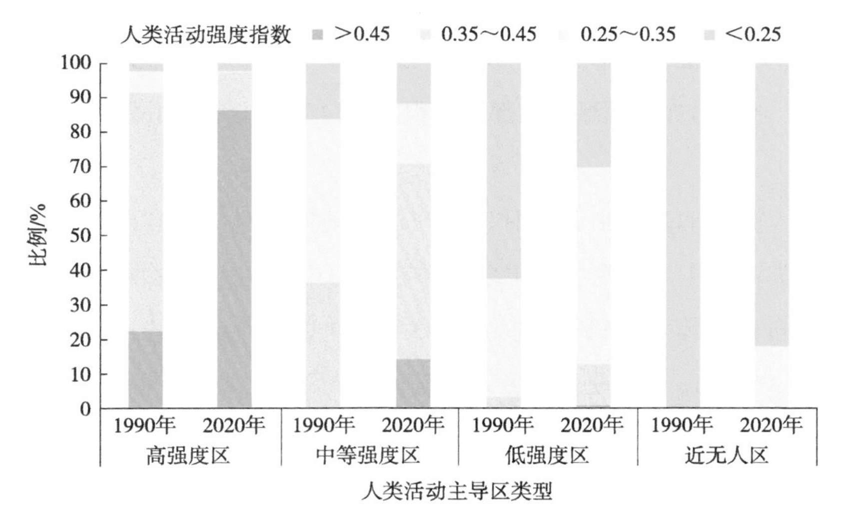

图 6-8　1990 年和 2020 年青藏高原各分区不同强度面积统计图

1990—2020 年，青藏高原不同类型人类活动主导区的构成变化显著。高强度人类活动主导区中，高强度干扰占比从 22.47% 提升至 86.70%，提升了 64.23%，主要由中等强度干扰转化（90.14%）。中等强度人类活动主导区中，中等强度、高强度干扰占比分别提升 21.13%、13.98%，主要由低强度干扰向中等强度干扰转化。低强度人类活动主导区中，70.00% 的极低强度干扰转化为低强度干扰，进而低强度干扰占比从 33.54% 提升至 56.35%，提升了 22.81%。近无人类活动干扰区中，99.84% 的极低强度干扰转化为低强度干扰，使低强度干扰从 0.16% 提升至 18.10%，提升了 17.84%（图 6-8）。

第三节 人类活动强度地域分异

青藏高原人类活动具有明显的地域分异特征，区域内不同省份的人类活动主导区分布规律也各具特色（图 6-9）。西藏人类活动强度由拉萨都市圈、“一江两河”农区向外呈现圈层式下降，西藏内以低强度人类活动主导区为主，主要分布在西藏西部和西北部（阿里地区、那曲市西部等），面积为 75.21 km^2，约占西藏总面积的 64.20%；其次是中等强度和高强度人类活动主导区面积较大，主要分布在西藏中部和东北部（拉萨市、日喀则市、山南市和昌都市等），分别为 33.60 km^2 和 6.20 km^2，面积占比分别为 28.68% 和 5.29%；近无人类活动干扰区面积较小，主要分布在西藏西南部，面积为 2.14 km^2，仅占西藏总面积的 1.83%（图 6-9）。

青海人类活动强度由青东甘南的河湟谷地向外递减，省内以低强度和中等强度人类活动主导区为主，主要分布在青海中部（海西蒙古族藏族自治州、果洛藏族自治州等），面积分别为 28.83 km^2 和 26.15 km^2，约占青海总面积的 41.45% 和 37.60%；其次是高强度人类活动主导区，主要分布在青海东部（西宁市、海东市、海南藏族自治州、黄南藏族自治州等），面积为 10.17 km^2，约占青海总面积的 14.62%；近无人类活动干扰区面积较小，主要分布在青海西部（玉树藏族自治州西部），面积为 4.40 km^2，仅占青海总面积的 6.33%（图 6-9）。

另外，青藏高原区域内的四川省以高强度和中等强度人类活动主导区为主，面积分别为 15.26 km^2 和 10.96 km^2，低强度人类活动主导区面积仅为 0.02 km^2。区域内的甘肃和云南则以高强度人类活动主导区为主，主要分布在甘肃西武威市和甘南藏族自治州、云南丽江市等地，面积分别为 4.32 km^2 和 3.42 km^2，中等强度（3.14 km² 和 0.94 km²）和低强度（2.64 km² 和 0.26 km²）人类活动主导区面积次之，近无人类活动干扰区几乎无分布。区域内的新疆人类活动强度较弱，整体上以近无人类活动干扰区和低强度人类活动主导区为主，面积分别为 15.66 km² 和 14.81 km²，约占区域内新疆总面积的 51.39% 和 48.61%，高强度和中等强度人类活动主导区基本无分布（图 6-9）。

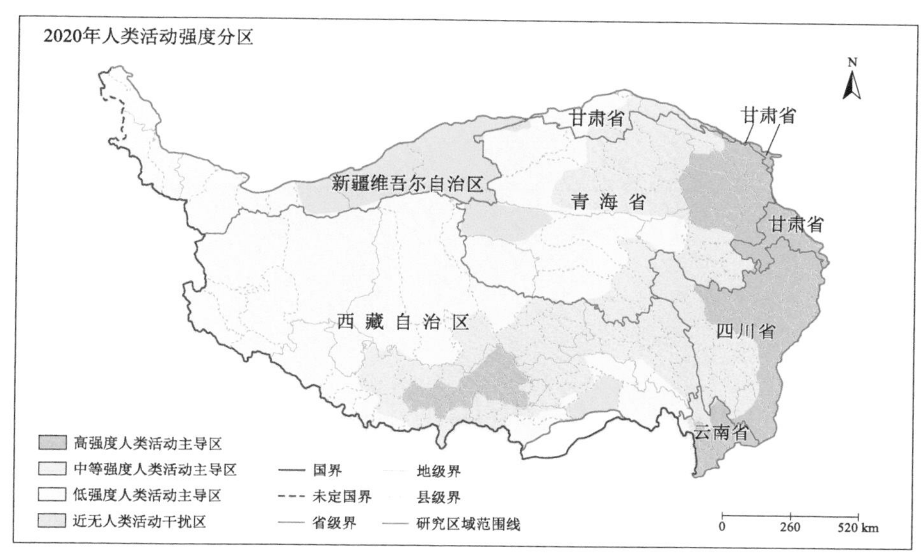

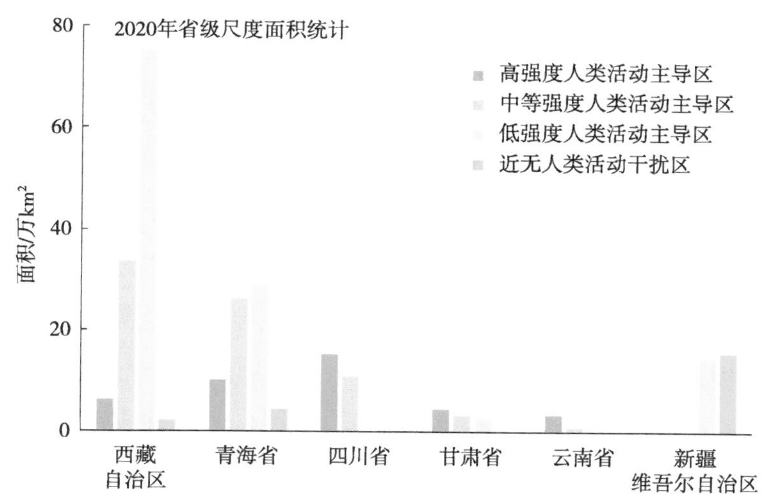

图 6-9　2020 年青藏高原人类活动强度分区和省级尺度面积统计

1990—2020 年，甘肃、西藏和青海的高强度人类活动主导区面积分别增长了 381.09%、81.69% 和 74.54%，青海和西藏的中等人类活动主导区面积分别增长了 90.71% 和 17.49%，云南、四川和甘肃的中等人类活动主导区面积分别减少了 79.63%、57.88% 和 10.24%。新疆、西藏的低强度人类活动主导区面积分别增长了 90.20%、85.21%，四川、甘肃、青海低强度人类活动主导区面积分别减少了 91.57%、53.70%、32.02%。西藏、青海、新疆的近无人类活动干扰区面积分别减少了 95.20%、42.12%、30.96%（图 6-10）。

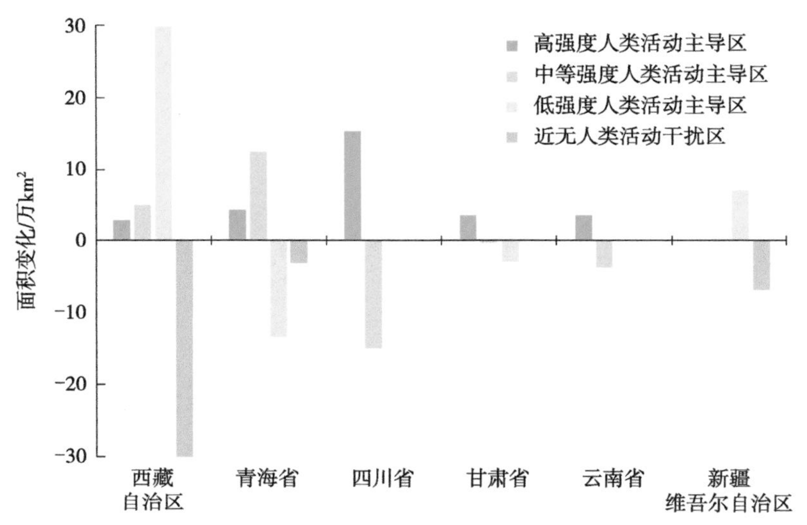

图 6-10　1990—2020 年青藏高原省级尺度不同分区人类活动强度面积变化图

近 30 年，西藏 95.20% 的近无人类活动干扰区转为了低强度人类活动主导区，分布在双湖县、改则县、尼玛县、日土县等地。青海中等强度人类活动主导区面积从 1990 年的 13.71 km^2 增长到 2020 年的 26.15 km^2，面积比例相应地从 19.71% 上升到 37.60%，其中来自低强度主导区的转换主要分布于德令哈市以及海西蒙古族藏族自治州乌兰县、都兰县和天峻县等地。四川省高强度人类活动主导区从无到有面积增长最大，增长了 15.26 km^2，面积比例相应地上升到 58.15%，其面积增长主要来自中等强度人类活动主导区的转换（98.72%），如马尔康市和阿坝藏族羌族自治州红原县等地。甘肃高强度人类活动主导区面积从 0.90 km^2 增长到 4.32 km^2，面积比例相应地从 8.88% 上升到 42.74%，其面积增长主要来自低强度人类活动主导区的转换（89.54%）。云南中等强度人类活动主导区多数（92.87%）转为高强度人类活动主导区（如香格里拉市、凉山彝族自治州盐源县等），也有极少数转为低强度人类活动主导区。新疆基本无高强度和中等强度人类活动主导区分布，其 23.05% 的近无人类活动干扰区转为低强度人类活动主导区，如和田地区于田县、和田县等（图 6-10）。

从人类活动类型及强度来看，2020年，青藏高原地区内的云南人类活动强度最高（0.491），人类活动类型以城乡建设（47.70%）和农牧业活动（39.21%）为主；四川人类活动强度次之（0.480），人类活动类型以农牧业活动（40.80%）和城乡建设（37.02%）为主；甘肃、青海和西藏人类活动强度分别为0.354、0.303和0.291，其中，甘肃和青海人类活动类型以农牧业活动（49.23%和50.62%）为主、城乡建设（29.99%和30.33%）次之。西藏则更加注重生态安全与生态保护，人类活动类型以农牧业活动（49.70%）和生态保护与建设（28.64%）为主；新疆人类活动强度最低（0.205），呈现以农牧业活动（70%）为主导、城乡建设（15%）和生态保护与建设（15%）并重的地区发展模式（图6-11）。

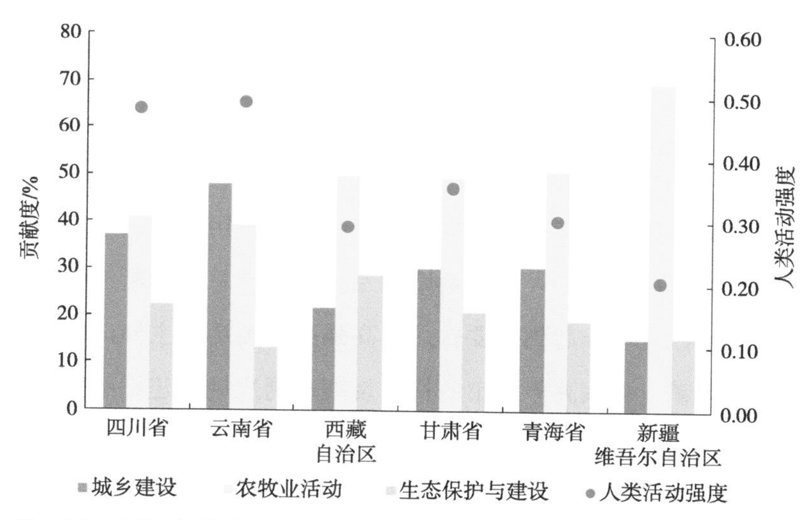

图6-11　2020年青藏高原省级尺度人类活动强度与各类型人类活动贡献度

1990—2020年，青藏高原各地区人类活动强度均呈上升趋势，其中云南和四川人类活动强度分别从0.378和0.377上升到0.491和0.480，上升幅度均超过0.1，主要由农牧业活动（-3.96%和-8.46%）和生态保护与建设（2.70%和10.77%）的贡献度变化导致；甘肃、新疆和西藏人类活动强度分别上升了0.094、0.051和0.044，其各类型人类活动的贡献度变化主要由农牧业活动（-5.07%、4.05%和-11.50%）和生态保护与建设（8.64%、-5.26%和12.68%）导致；青海人类活动强度上升幅度最小，仅为0.039，主要是农牧业活动（-9.24%）和城乡建设（5.37%）的贡献度变化导致。整体来看，在省级尺度上除新疆外，近30年各类型人类活动强度变化对人类活动总强度贡献均呈现生态保护与建设贡献度上升、农牧业活动贡献度下降的趋势，其中以西藏和青海最为突出（图 6-12）。

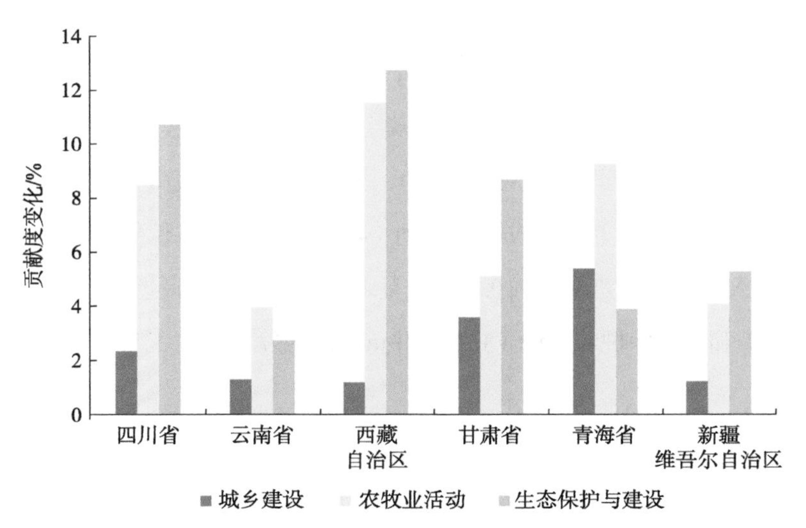

图 6-12　1990—2020 年青藏高原省级尺度不同类型人类活动强度统计图

从整体上看，高强度人类活动主导区内城乡建设用地扩展迅速，基础设施建设（道路等）不断提升，人口数量增加明显，生产总值不断提高，尤其是旅游业发展对区域经济增长起到重要作用。高强度人类活动主导区的扩展主要来自城乡建设的驱动，青藏高原城市的快速发展对周边城乡建设起到了重要的辐射带动作用。事实上，高强度人类活动主导区受城乡建设、旅游业发展、人口经济、交通发展等多因素的综合影响。中等强度人类活动主导区内基础设施建设（道路、桥梁等）增加了区域发展优势度，尤其是对沿线资源的开发与利用起到了重要的作用，与此同时农牧业活动是导致中等强度人类活动变化的主要影响因素。低强度人类活动主导区和近无人类活动干扰区的变化受到建设活动的强烈影响，近无人类活动干扰区呈面积减少趋势。然而在自然保护区建设与国家公园建设等政策保护下，其面积下降速率放缓。以国家级自然保护区为例，从不同功能分区角度而言，人类活动强度从试验区到缓冲区再到核心区呈现逐步下降的空间分布规律，在保护区类型上，森林生态类型的人类活动强度最大，而荒漠生态类型最小，但其人类活动强度整体仍呈上升趋势，如青藏高原中西部羌塘地区的荒漠生态地区人类活动强度由 1990 年的 0.172 上升到 2020 年的 0.219。

第七章

青藏高原城镇土地演变特征及成效评价

城镇化建设作为青藏高原人类活动主要的组成部分之一，深刻影响着青藏高原地区的国土空间格局变化，研究城镇化背景下青藏高原地区土地、人口与经济效率的变化对促进区域可持续发展具有重要意义。本章基于中国土地利用/覆盖变化数据集、中国城市不透水面和绿地空间组分数据集、社会经济统计数据和历史地图等数据资料，利用莫兰指数、土地利用效率、城市扩展速度与比例、城市不透水面面积与比例等指标，系统分析青藏高原城镇土地利用的时空演变特征和社会发展效率，通过针对西宁市和拉萨市典型城市扩展进程及其扩展过程中内部地表覆盖的空间变化特征及影响因素分析，展示社会经济因素和政策因素对西宁市和拉萨市城市地表覆盖变化的影响。

第一节　青藏高原城镇土地时空演变特征

一、总体空间格局演化特征

2020 年，青藏高原地区的城镇用地面积为 796.59 km^2，主要集中于兰西城市群和“一江两河”地区。青藏高原城镇用地总面积以 10～30 km^2 为主，占区域地级行政区总数的 41.67%，主要分布于青藏高原中东部地区的武威市、海西蒙古族藏族自治州、林芝市等。其次，城镇用地面积小于 10 km^2 的地级行政区数量占总数的 29.17%，均分布于青藏高原东部。城镇用地面积大于 80 km^2 和介于 30～50 km^2 的地级行政区数量均占总数的 12.50%，前者广泛分布于西宁市、拉萨市和喀什地区，后者分布于“一江两河”地区及青藏高原东南缘。城镇用地面积介于 50～80 km^2 的地级行政区数量仅占总数的 4.17%，位于青海省海东市。

对青藏高原自然条件因素与城镇用地分布之间的全局空间自相关分析显示，Moran’s I 为 −0.27 小于 0，Z 分值为 −116.34＜−2.58，p 值＜0.01，表明该综合变量具有显著的空间负相关性，且呈离散趋势。从局部自相关来看，低—高型聚集和高—低型聚集占据一定优势，说明自然条件因素对青藏高原整体城镇用地分布的决定作用不大，城镇用地分布较零散、粗放；而低—低型聚集较高—高型聚集更多，且主要位于青藏高原西南部地区，即该区域综合得分低的在空间上更易聚集，表明雅鲁藏布江沿岸地区的城镇用地建设权衡了自然条件因素限制，相对而言更符合可持续发展原则（图 7-1）。

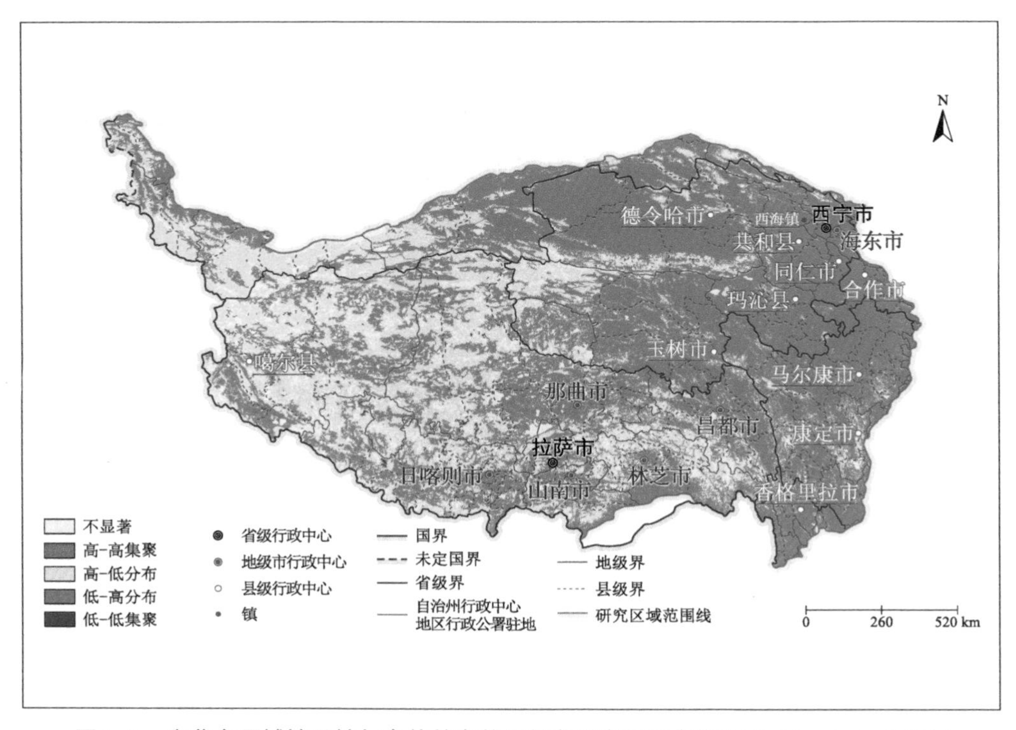

图 7-1　青藏高原城镇用地与自然基底的局部空间自相关集聚分布（Fu et al., 2022）

1990—2020 年，青藏高原城镇用地时空演变特征显著，其城镇用地面积与数量不断上升，但城镇扩展的面积相对较少，整体由双中心转变为多中心外延展式的发展模式。从兰西城市群、拉萨都市圈逐步发展到青藏高原中部及南部地区。青藏高原中部及南部地区水系纵横，青海湖、黄河、金沙江、澜沧江、怒江、雅鲁藏布江、纳木错等流域带动了周边城镇的兴起与发展。近 30 年，青藏高原城镇用地的斑块面积总体较小，面积小于 2 km^2 的斑块数量占比在 70% 以上，大于 10 km^2 的斑块数量占比在 4% 以下，表明青藏高原城镇用地分布不连续，土地城镇化水平偏低（图 7-2）。

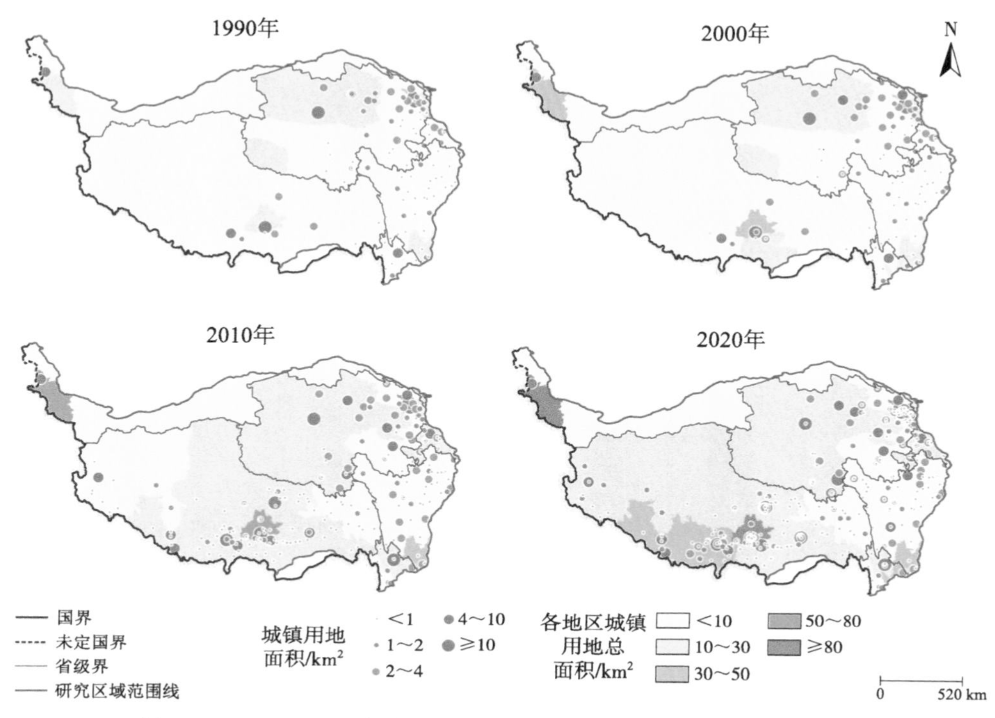

图 7-2 1990—2020 年青藏高原城镇用地面积变化（Fu et al., 2022）

二、局部空间格局演化特征

20 世纪 90 年代以来，青藏高原地区始终处于城镇用地扩展加速阶段，城镇规模与数量持续增加。1990—2000 年，喀什地区城镇规模扩展速度最大，达到 2.43 km²/a，其次为凉山彝族自治州，其城镇规模扩展速度为 1.48 km²/a，昌都市城镇规模扩展比例最大，其次分别为林芝市和凉山彝族自治州，对应城镇规模扩展比例分别为 259.29%、249.36%、119.05%。2000—2010 年，西宁市城镇规模扩展速度增幅明显，城镇规模扩展速度为 4.49 km²/a，扩展比例达到 90.55%，拉萨市、喀什地区的城镇规模扩展速度也相对较快，分别为 3.55 km²/a、1.95 km²/a，此外，林芝市城镇规模扩展面积达到 1 倍以上。2010—2020 年，西宁市、拉萨市、喀什地区的城镇规模扩展速度仍较大，海东市、日喀则市、海北藏族自治州的城镇规模扩展比例较大，分别为 125.86%、109.11%、100.00%。

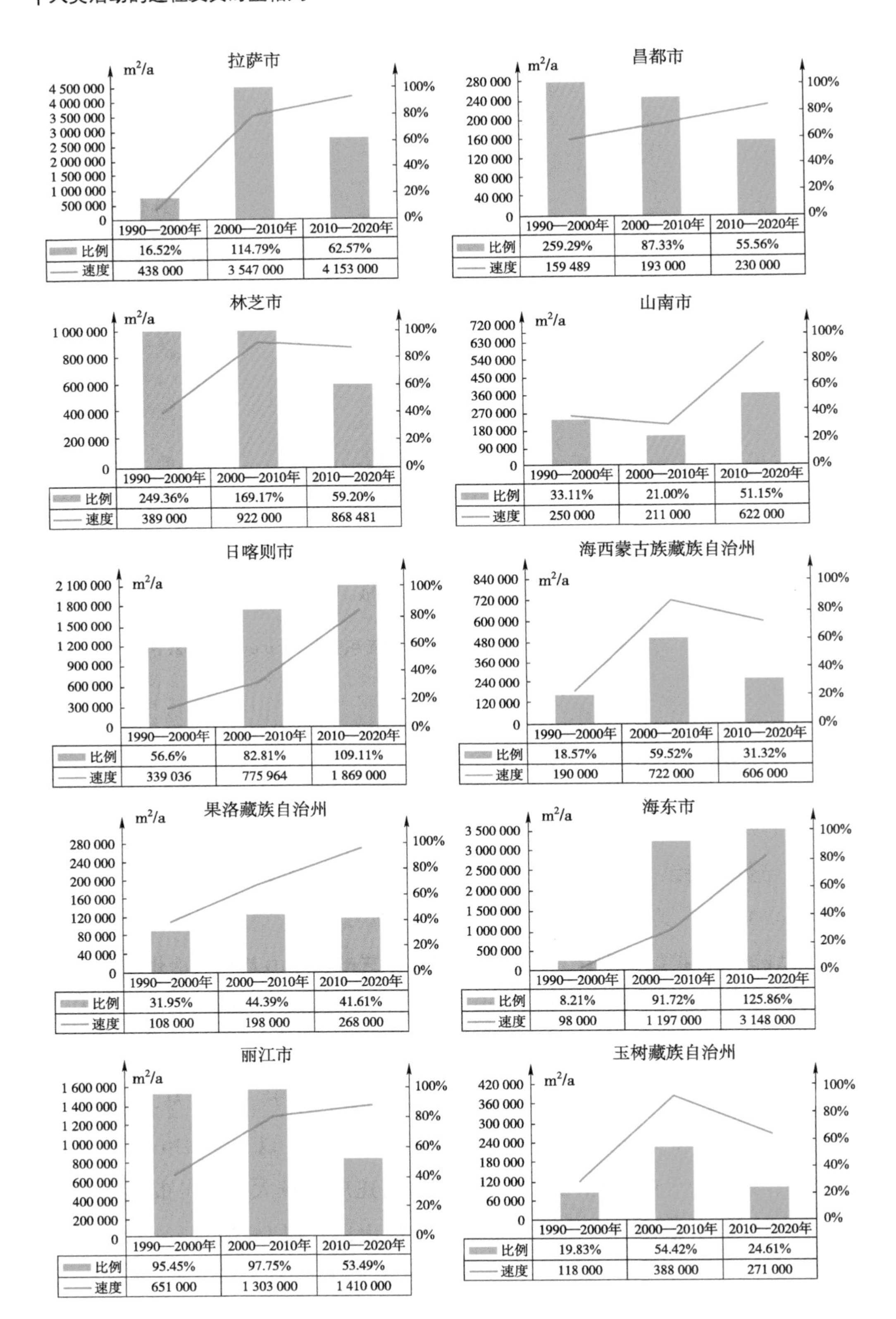
拉萨市
m²/a
4 500 000
4 000 000
3 500 000
3 000 000
2 500 000
2 000 000
1 500 000
1 000 000
500 000
0
100%
80%
60%
40%
20%
0%
1990—2000年
2000—2010年
2010—2020年
比例
16.52%
114.79%
62.57%
速度
438 000
3 547 000
4 153 000
昌都市
m²/a
280 000
240 000
200 000
160 000
120 000
80 000
40 000
0
100%
80%
60%
40%
20%
0%
1990—2000年
2000—2010年
2010—2020年
比例
259.29%
87.33%
55.56%
速度
159 489
193 000
230 000
林芝市
m²/a
1 000 000
800 000
600 000
400 000
200 000
0
100%
80%
60%
40%
20%
0%
1990—2000年
2000—2010年
2010—2020年
比例
249.36%
169.17%
59.20%
速度
389 000
922 000
868 481
山南市
m²/a
720 000
630 000
540 000
450 000
360 000
270 000
180 000
90 000
0
100%
80%
60%
40%
20%
0%
1990—2000年
2000—2010年
2010—2020年
比例
33.11%
21.00%
51.15%
速度
250 000
211 000
622 000
日喀则市
m²/a
2 100 000
1 800 000
1 500 000
1 200 000
900 000
600 000
300 000
0
100%
80%
60%
40%
20%
0%
1990—2000年
2000—2010年
2010—2020年
比例
56.6%
82.81%
109.11%
速度
339 036
775 964
1 869 000
海西蒙古族藏族自治州
m²/a
840 000
720 000
600 000
480 000
360 000
240 000
120 000
0
100%
80%
60%
40%
20%
0%
1990—2000年
2000—2010年
2010—2020年
比例
18.57%
59.52%
31.32%
速度
190 000
722 000
606 000
果洛藏族自治州
m²/a
280 000
240 000
200 000
160 000
120 000
80 000
40 000
0
100%
80%
60%
40%
20%
0%
1990—2000年
2000—2010年
2010—2020年
比例
31.95%
44.39%
41.61%
速度
108 000
198 000
268 000
海东市
m²/a
3 500 000
3 000 000
2 500 000
2 000 000
1 500 000
1 000 000
500 000
0
100%
80%
60%
40%
20%
0%
1990—2000年
2000—2010年
2010—2020年
比例
8.21%
91.72%
125.86%
速度
98 000
1 197 000
3 148 000
丽江市
m²/a
1 600 000
1 400 000
1 200 000
1 000 000
800 000
600 000
400 000
200 000
0
100%
80%
60%
40%
20%
0%
1990—2000年
2000—2010年
2010—2020年
比例
95.45%
97.75%
53.49%
速度
651 000
1 303 000
1 410 000
玉树藏族自治州
m²/a
420 000
360 000
300 000
240 000
180 000
120 000
60 000
0
100%
80%
60%
40%
20%
0%
1990—2000年
2000—2010年
2010—2020年
比例
19.83%
54.42%
24.61%
速度
118 000
388 000
271 000

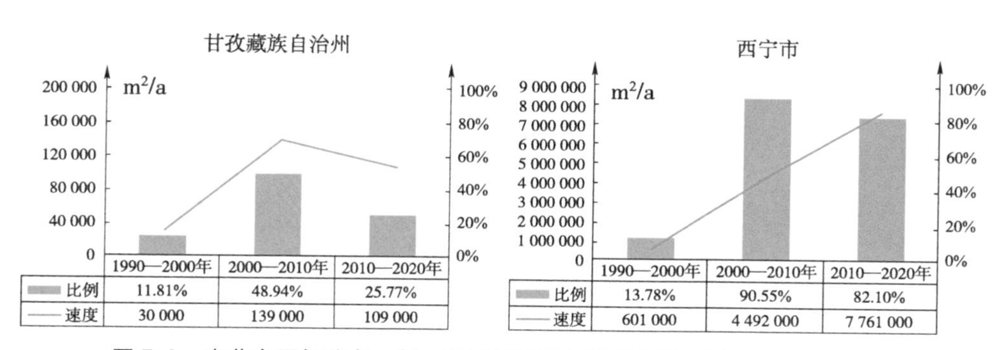

图 7-3　青藏高原部分市、州、地区城镇扩展速度及比例（Fu et al., 2022）

根据城市等级分类标准（匡文慧　等，2021；方创琳，2018），青藏高原城市可分为大城市、中等城市和小城市 3 个等级。整体上，青藏高原地区小城市居多，大城市较少，近 30 年间不同城市等级的城镇用地面积均呈整体稳步上升趋势，其中大城市、中等城市、小城市的城镇用地扩展速度及比例依次递减，扩展速度分别为 11.52 km^2/a、4.85 km^2/a、3.46 km^2/a。西宁市（大城市）、日喀则市（中等城市）和山南市（小城市）3 个典型城市的城镇用地面积变化趋势与整体情况相似（图 7-4）。大城市的城镇用地面积呈现直线型稳步上升趋势，2010—2020 年扩展比例相对前 20 年（1990—2010 年）略微增加。中小城市的城镇用地面积整体以“S”形趋势扩展，2005—2010 年城镇扩展比例最快，2015 年后扩展趋势相对减缓。

城镇数量与规模迅速增加的同时，城镇空间呈现“向内填充、向外蔓延”的扩展模式，城市空间形态由此成为表征城镇土地时空演变的重要形式之一（高金龙　等，2013）。以西宁市、日喀则市和山南市的城镇扩展空间分布为例，西宁市的城镇用地分布呈星形向外扩展，而日喀则市与山南市的城镇用地分布呈现不规则无规律扩展（图 7-4）。这表明大城市已形成城镇用地基本结构，而中小城市仍在探索适应的城镇用地规划方案。值得注意的是，过快的城镇扩展速度及过大的城镇扩展面积，将会导致城镇空间的不健康发展。

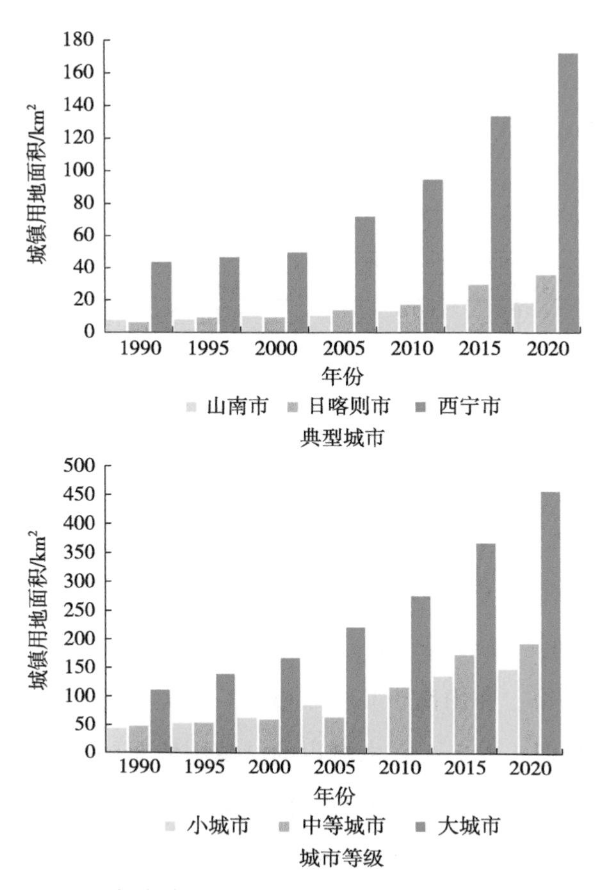

图 7-4　1990—2020 年青藏高原典型城市及不同城市等级的城镇用地面积变化

第二节　青藏高原城镇土地利用效率

从整体上看，青藏高原在 1990—2020 年每 10 年间的城镇土地利用效率平均值为 1.37，大于 1，达到相对有效建设强度，但是城镇土地利用效率呈现增长速度减缓的趋势（表 7-1）。以 10 年为阶段分期分析显示，1990—2000 年青藏高原城镇土地利用效率为 1.14，于 2000—2010 年增长到 1.44，自 2010 年之后再次增长达到 1.53，增幅与 2000—2010 年相比降低了 20.36 个百分点，城镇用地的利用效率较不稳定。从各行政区域划分来看，24 个市、州、地区中有 33.33% 的城镇土地利用效率总平均值小于 1，仍然有很大的进步空间，其中果洛藏族自治州的城镇土地利用效率最低，应注重提升城镇居民生活水平与居住环境质量，吸引流动人口定居，调整城镇用地面积扩展速度。在青藏高原城镇化的宏观规划下，迫切要求提升城镇的综合承载力，合理规划城镇用地规模与分布，妥善解决土地城镇化与人口城镇化不协调的现状，改善区域生态环境质量，保证城镇土地利用效率稳步提高。

1990—2020 年，海西蒙古族藏族自治州和林芝市等小城市的城镇土地利用效率平均值相比其他地区更高，这可能是受益于周边西宁市、拉萨市作为省会城市的辐射带动作用的影响。西宁市、喀什地区等大城市和昌都市、日喀则市、拉萨市等中等城市的城镇经济发展水平与居民生活水平等相对较高，这使得其城镇土地利用效率相应较高。整体上，大城市的城镇土地利用效率平均值普遍位于中列，这可能是由于大城市已经形成相对稳定的城市空间结构与形态，城镇用地面积不再大规模扩展，部分原有城镇人口被周边快速发展的中小城市吸纳。而导致部分中小城市的城镇土地利用效率值更高的原因可能是其致力于城镇化建设，在城镇用地面积扩展的基础上吸引了相应程度的城镇人口，有效控制了城镇空间的低密度蔓延，使得土地与人口协调有序发展。从空间尺度来看，城镇土地利用效率较高的地区主要聚集于“一江两河”地区以及青藏高原东北部与南部，东部及中西部地区的城镇土地利用效率较低。

表 7-1　青藏高原各市、州、地区城镇土地利用效率（Fu et al., 2022）

城市等级	市、州、地区	城镇土地利用效率			
		1990—2000 年	2000—2010 年	2010—2020 年	平均值
小城市	海西蒙古族藏族自治州	2.94	1.06	6.95	3.65
小城市	林芝市	3.89	3.80	1.28	2.99
中等城市	昌都市	3.33	1.84	1.25	2.14
中等城市	日喀则市	0.98	2.27	2.74	2.00
中等城市	拉萨市	0.41	4.89	0.68	1.99
大城市	西宁市	0.29	2.86	2.55	1.90
小城市	迪庆藏族自治州	1.29	1.74	2.34	1.79
大城市	喀什地区	1.93	1.08	2.04	1.68
大城市	丽江市	1.49	1.49	1.03	1.34

续表

城市等级	市、州、地区	城镇土地利用效率			
		1990—2000年	2000—2010年	2010—2020年	平均值
大城市	武威市	0.55	1.34	2.07	1.32
大城市	凉山彝族自治州	2.84	0.60	0.44	1.29
小城市	阿里地区	—	1.58	0.99	1.29
小城市	海北藏族自治州	−0.72	1.24	3.16	1.23
小城市	玉树藏族自治州	2.58	0.35	0.43	1.12
中等城市	那曲市	0.55	0.88	1.86	1.10
中等城市	阿坝藏族羌族自治州	0.16	0.52	2.43	1.04
大城市	甘孜藏族自治州	0.97	1.09	0.52	0.86
小城市	黄南藏族自治州	1.50	0.69	0.31	0.83
中等城市	怒江傈僳族自治州	0.30	1.65	0.14	0.70
大城市	海东市	−2.91	1.57	2.32	0.32
小城市	山南市	0.20	−0.66	1.13	0.23
小城市	海南藏族自治州	−0.18	0.53	0.23	0.19
中等城市	甘南藏族自治州	−0.77	0.48	0.64	0.12
小城市	果洛藏族自治州	−0.83	0.36	0.80	0.11
青藏高原		1.14	1.44	1.53	1.37

第三节 青藏高原城镇建设效率评价

为全面了解青藏高原城镇建设的现状，选取城镇人口、城镇经济水平两个方面对青藏高原城镇化发展的成果效益进行评价。随着青藏高原地区社会经济发展和城市化水平不断提高，城镇人口密度、城镇经济密度都发生了相应的变化（图 7-5 和图 7-6）。总体而言，近 30 年 37.5% 的城镇的人口密度呈现下降趋势，71% 的城镇的人口密度变动在 1 万人 /km^2 以内。从行政区划来看，怒江傈僳族自治州城镇人口密度增加最多，增加了 3.63 万人 /km^2，海北藏族自治州城镇人口密度减少幅度较大，减少了 2.80 万人 /km²。2020 年，四川省阿坝藏族羌族自治州的城镇人口密度最高，其次为甘孜藏族自治州、怒江傈僳族自治州，城镇人口密度值分别为 8.05 万人 /km²、6.46 万人 /km² 和 5.66 万人 /km²，西藏自治区的林芝市、阿里地区和日喀则市的城镇人口密度较低，分别为 0.42 万人 /km²、0.45 万人 /km² 和 0.51 万人 /km²。

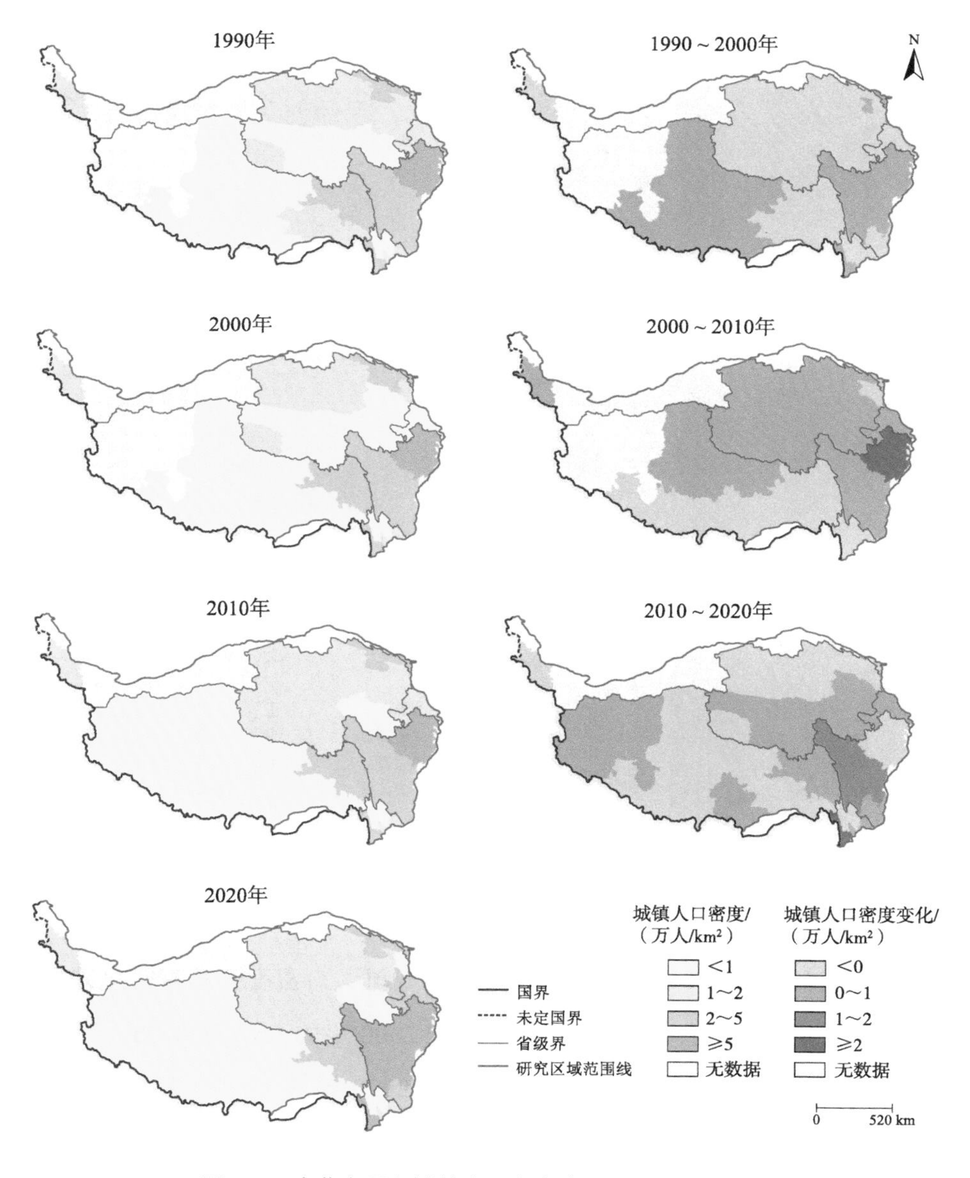

图 7-5　青藏高原各城镇人口密度（Fu et al., 2022）

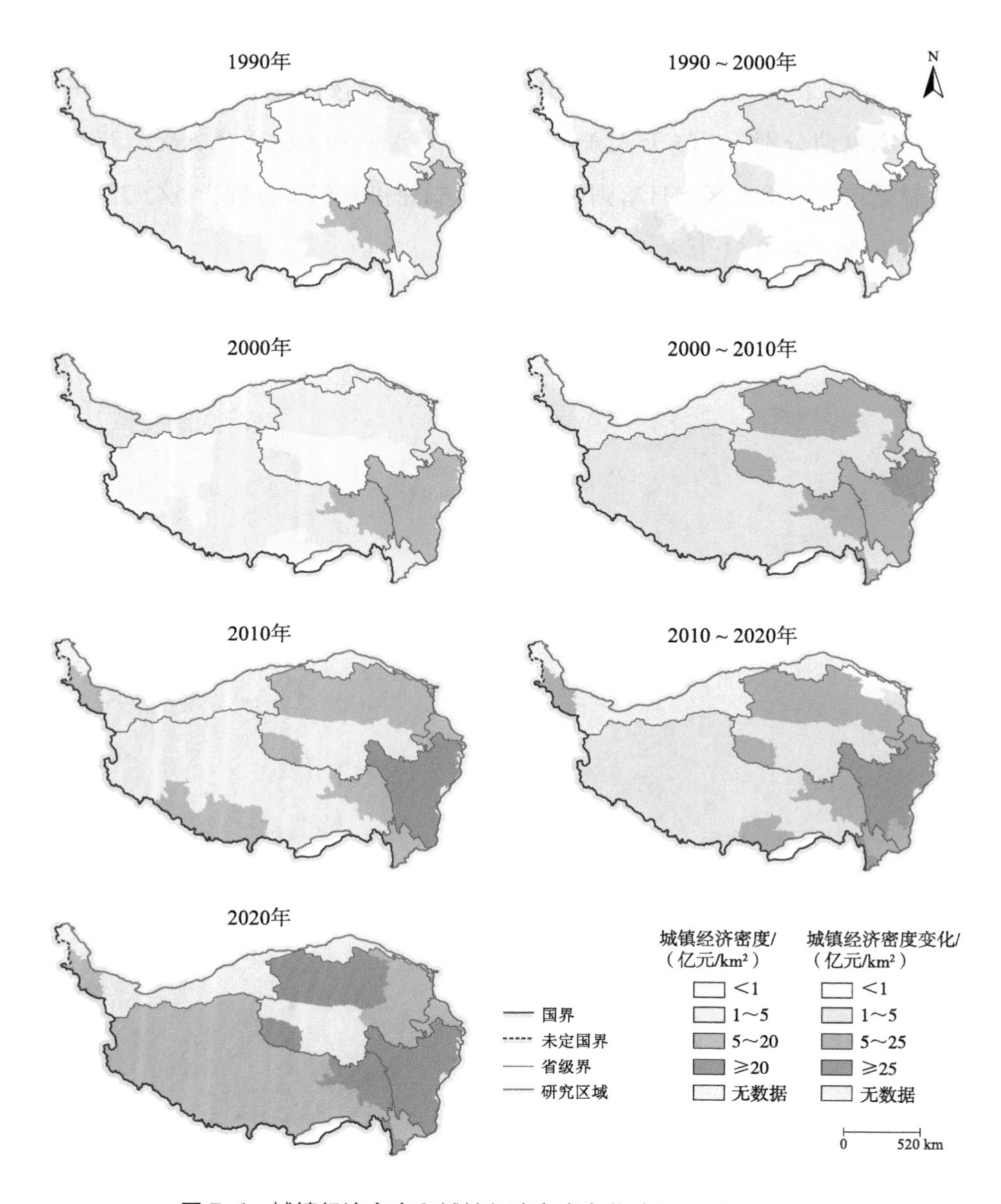

图 7-6　城镇经济密度和城镇经济密度变化（Fu et al.，2022）

从时间尺度来看，青藏高原每 10 年间城镇人口密度变动有明显差异。人口密度从 1990 年的 1.44 万人 /km^2 增加到 2000 年的 1.47 万人 /km^2 后持续减少，到 2010 年减少到 1.41 万人 /km^2 再到 2020 年的 1.31 万人 /km^2。1990—2000 年青藏高原城镇人口密度增加 0.03 万人 /km^2，该阶段青藏地区的发展方向仍以农业为主，前期的毁林开荒、超载放牧等人类活动导致自然生态环境被严重破坏。然而，得益于退耕还林工程的实施和对口支援计划的执行，人口密度有轻微提升。2000—2010 年青藏高原城镇人口密度下降了 0.06 万人 /km^2，此期间人类对未利用土地的开发和利用程度逐渐提高，工业发展、交通建设、旅游业兴起以及国家以及当地政府的政策扶持也引来不少流动人口向城镇地区迁入。2010—2020 年青藏高原城镇人口密度下降了 0.10 万人 /km^2，此时段川藏铁路、兰新高铁等公路、铁路网的建设以及在高原美丽城镇建设带动下，青藏高原各城镇不断加强绿色基础设施建设、提升城镇公园绿地覆盖率，城镇人居环境得到明显改善，但城镇人口增长速度显著低于土地城镇化速度，土地城镇化与人口城镇化不协调的趋势日益增大，导致城镇人口密度呈现降低趋势。

青藏高原地区产业发展也经历了阶段变化，从以畜牧业、特色农业种植业等第一产业为主的粗放型模式进行产业升级，逐渐展开矿业、农畜产品加工业等第二产业，草原生态产业、文旅融合产业等第三产业的多元化发展，传统畜牧业也形成了有机生态的养殖产业体系。自 1990 年以来，国家聚焦青藏高原地区的社会经济发展，相继颁布并完善各项政策制度以增强其内部经济活力。1985 年“三包”政策、1994 年全国对口支援西藏、2006 年农牧民安居工程以及一系列财政补助政策和农牧区医疗制度，为青藏地区居民提供了良好的生活水平。

1990—2020 年，青藏高原城镇经济密度总体呈稳步上升趋势。其中阿坝藏族自治州城镇经济密度增加最大，由 5.07 亿元 /km^2 增加到 97.11 亿元 /km^2，增加了 92.05 亿元 /km^2。其次为甘孜藏族自治州，其城镇经济密度由 3.28 亿元 /km^2 增长到 77.18 亿元 /km^2，增加 73.90 亿元 /km^2。其余城镇经济密度也都增长了 4 亿元 /km^2 以上。从行政区域来看，2020 年青藏高原城镇经济密度存在地区差异。阿坝藏族自治州、甘孜藏族自治州和怒江傈僳族自治州的城镇经济密度较高。与城镇人口密度不同，玉树藏族自治州、果洛藏族自治州和阿里地区的城镇经济密度较低，分别为 4.64 亿元 /km^2、5.36 亿元 /km^2 和 5.86 亿元 /km^2。从时间尺度来看，1990—2020 年每 10 年间城镇经济密度变动各异。1990—2000 年青藏高原产业结构粗放、单一，整体城镇经济密度增加 0.90 亿元 /km^2。2000—2010 年城镇经济密度增加到 7.81 亿元 /km^2，这可能是由于矿产资源勘探、未利用地开发、民族文化旅游发展等特色产业兴起带来了不少经济效益。2010—2020 年城镇经济密度增加值达到 12.97 亿元 /km^2。随着通车的铁路数量不断增加，铁路通达性的改善促进了经济总量的不断增长，青藏高原各城镇经济水平正稳步上升。

第四节 典型城市扩展及地表覆盖变化

一、西宁市和拉萨市城市扩展时空变化特征

近 70 年来，西宁市和拉萨市城市主城区规模持续扩张（表 7-2）。1949—2018 年，西宁市城市主城区面积从 1.98 km^2 增长到 79.26 km^2，扩展了 77.28 km^2，扩展速度为 1.12 km^2/a，人均城市土地面积从 1978 年的 14.72 m^2 增加到 2018 年的 33.43 m^2，平均每年增长 0.47 m^2。相应地，1951—2018 年，拉萨市城市主城区面积从 1.10 km^2 增长到 77.04 km^2，扩展了 75.94 km^2，扩展速度为 1.13 km^2/a，人均城市土地面积从 1978 年的 43.31 m^2 增加到 138.96 m^2，平均每年增长 2.39 m^2。

表 7-2　近 70 年西宁市和拉萨市城市土地扩展状况（郭长庆 等，2022）

年份	西宁		拉萨	
	城市土地面积 / km^2	人均城市土地面积 /m^2	城市土地面积 / km^2	人均城市土地面积 /m^2
1949 基准年*	1.98	—	1.1	—
1978 基准年*	19.61	14.72	16.12	43.31
1990	46.65	28.96	17.88	50.14
2000	49.82	25.17	32.56	80.63
2010	73.04	33.08	59.58	122.95
2018	79.26	33.43	77.04	138.96

续表

时期	西宁			拉萨		
	城市扩展面积 /km²	城市扩展速度 /（km²/a）	城市扩展比例 /%	城市扩展面积 /km²	城市扩展速度 /（km²/a）	城市扩展比例 /%
1949 基准年—1978 基准年	17.63	0.61	890.4	15.02	0.63	1 365.45
1978 基准年—1990	27.04	2.25	137.89	1.76	0.12	10.92
1990—2000	3.17	0.32	6.8	14.68	1.47	82.1
2000—2010	23.22	2.32	46.61	27.02	2.7	82.99
2010—2018	6.22	0.78	8.52	17.46	2.18	29.31
1949 基准年—2018	77.28	1.12	3 903.03	75.94	1.13	6 903.64

注：*1949 基准年，西宁为 1949，拉萨为 1951；1978 基准年，西宁为 1978，拉萨为 1975。

1949—2018 年，西宁市城市扩展面积是 1949 年城市土地面积的 39.03 倍（表 7-2）。西宁市城市扩展表现出“加速—减速—加速—减速”的阶段特征，其加速阶段为 1978—1990 年和 2000—2010 年。改革开放以来的 1978—1990 年，西宁市主城区迅速扩展，从 19.61 km² 扩展到 46.65 km²，扩展了 27.04 km²，扩展速度为 2.25 km²/a。西部大开发战略实施以来的 2000—2010 年，西宁市进一步加大了城市建设力度，城市主城区面积从 49.82 km² 扩展到 73.04 km²，扩展了 23.22 km²，扩展速度为 2.32 km²/a。在城市扩展比例上，西宁市城市扩展比例升高阶段为 2000—2010 年。其中，1949—1978 年城市扩展比例最高为 890.40%，其次为 1978—1990 年，城市扩展比例为 137.89%，1990—2000 年城市扩展比例最低，仅为 6.80%。在城市扩展形态上，西宁市主城区城市扩展呈现十字状的扩展态势，以中间为核心，向 4 个分支方向扩展。1949—1978 年，城中区开始扩展充实逐渐达到饱和状态；1978—2000 年，开始向 4 个分支方向扩展，其中城东区和城西区扩展面积相对较多，2000 年以后，城西区和城北区迅速扩展（图 7-7）。

1951—2018 年，拉萨市城市扩展面积是 1949 年城市土地面积的 69.04 倍（表 7-2）。拉萨市城市扩展表现出“减速—加速—减速”的阶段特征，其加速阶段为 1990—2000 年和 2000—2010 年。其中，扩展速度最快的阶段是 2000—2010 年，主城区面积从 32.56 km² 扩展到 59.58 km²，扩展了 27.02 km²，扩展速度为 2.70 km²/a。进入 21 世纪以来，随着西部大开发战略的实施，拉萨市加大了基础建设的投资力度，城市建设进入了一个较快发展阶段，城市用地规模不断扩大，主城区面积大幅度向外扩展，主城区面积从 2000 年的 32.56 km² 扩展到 2018 年的 77.04 km²，扩展了 44.48 km²，扩展速度为 2.47 km²/a。在城市扩展比例上，拉萨市城市扩展比例升高阶段为 1990—2000 年和 2000—2010 年。其中，1951—1975 年城市扩展比例最高为 1 365.45%，其次为 2000—2010 年，城市扩展比例为 82.99%，1978—1990 年城市扩展比例最低，仅为 10.92%。在城市扩展形态上，拉萨市主城区城市扩展呈现圈层外延式的扩展模式，不同阶段扩展模式也存在差异。其中，1951—1990 年拉萨市城市先呈圈层式外延扩展后呈轴线式扩展；1990—2018 年，呈现显著的圈层外延式的扩展模式，城市周边辖区快速发展，逐渐与主城区形成连绵式的下垫面分布格局（图 7-7）。

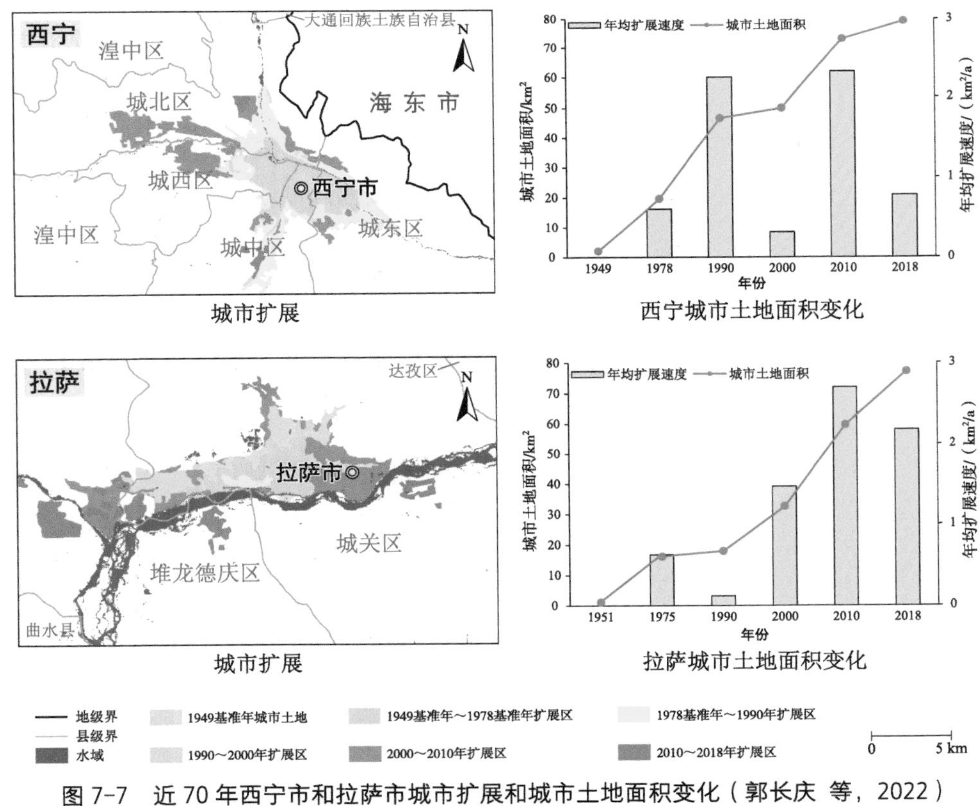

图 7-7　近 70 年西宁市和拉萨市城市扩展和城市土地面积变化（郭长庆 等，2022）

二、2000 年以来西宁市和拉萨市城市不透水面与绿地空间变化

2018 年西宁市和拉萨市城市不透水面面积分别为 55.34 km^2 和 48.21 km^2，分别占城市土地面积的 69.82% 和 62.58%，城市绿地空间面积分别为 19.21 km^2 和 20.35 km^2，分别占城市土地面积的 24.24% 和 26.41%，城市水域面积分别为 0.69 km^2 和 0.41 km^2，分别占城市土地面积的 0.87% 和 0.53%。

在西部大开发战略的驱动下，西宁市城市不透水面面积从 2000 年的 36.91 km^2 增加到 2018 年的 55.34 km^2，年均增长 0.97 km^2；相应地，城市绿地空间面积从 2000 年的 10.78 km^2 增加到 2018 年的 19.21 km^2，年均增长 0.47 km^2。同时，拉萨市城市不透水面面积从 21.56 km^2 增加到 48.21 km^2，年均增长 1.48 km^2；城市绿地空间面积从 2000 年的 8.48 km^2 增加到 2018 年的 20.35 km^2，年均增长 0.66 km^2。2000—2018 年，西宁市城市不透水面面积比例由 74.09% 下降到 69.82%，随着城市绿化水平的提升，城市绿地空间面积比例由 21.64% 上升到 24.24%；另外，拉萨市城市不透水面面积比例由 66.21% 下降到 62.58%，城市绿地空间面积比例由 26.05% 上升到 26.41%（表 7-3）。

表 7-3　2000—2018 年西宁市和拉萨市城市地表覆盖面积和比例（郭长庆 等，2022）

城市	地表覆盖组分	面积 /km^2			比例 /%		
		2000 年	2010 年	2018 年	2000 年	2010 年	2018 年
西宁市	不透水面	36.91	51.84	55.34	74.09	70.98	69.82
	绿地空间	10.78	18.03	19.21	21.64	24.69	24.24
拉萨市	不透水面	21.56	37.08	48.21	66.21	62.23	62.58
	绿地空间	8.48	16.03	20.35	26.05	26.91	26.41

西宁市和拉萨市不同扩展时段城市不透水面面积比例表明，2000 年以来，西宁市和拉萨市城市开发建设更加注重不透水地表和绿地覆盖的有效镶嵌（图 7-8）。总体上，由于西宁市和拉萨市城市生态文明建设对园林绿化的重视，一定程度上增加了绿地空间面积，提升了城市地表透水性，城市绿化比例有所提升，生态保护成效显著。

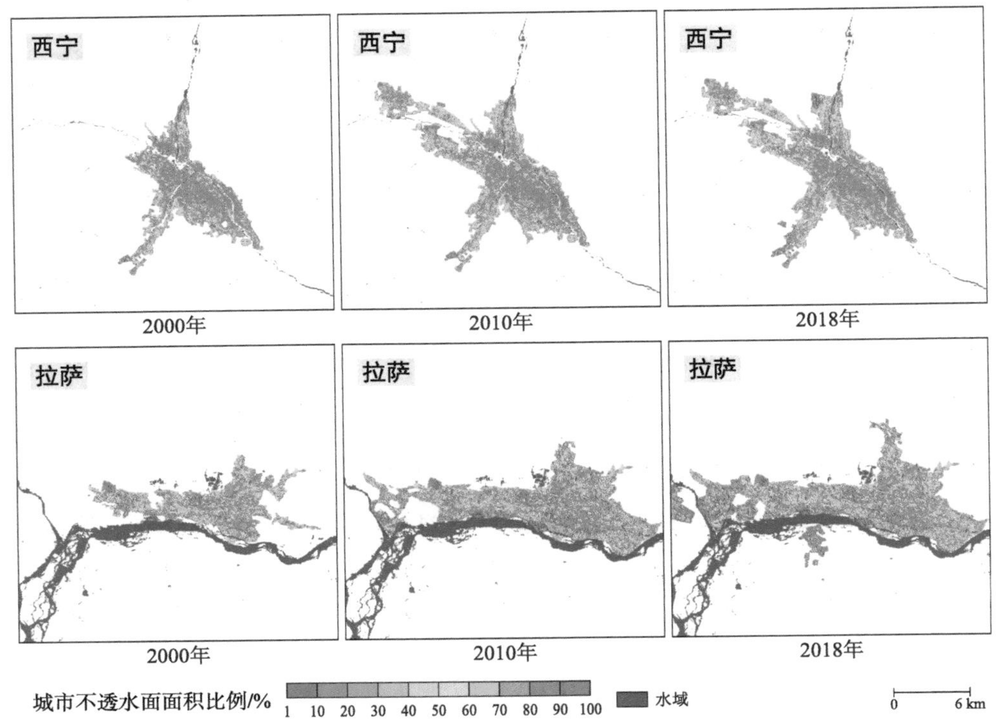

图 7-8 2000—2018 年西宁市和拉萨市城市地表覆盖变化（郭长庆 等，2022）

三、西宁市和拉萨市土地利用 / 覆盖变化的驱动因素分析

（一）西宁市和拉萨市城市土地利用 / 覆盖变化的社会经济因素分析

新中国成立 70 年来，西宁市和拉萨市城市化率持续上升，西宁市城市化率从 1980 年的 41.19% 上升到 2018 年的 72.10%，拉萨市城市化率从 1959 年的 31.74% 上升到 2017 年的 42.40%。1980—2018 年，西宁市和拉萨市城市人口总体呈稳步上升的趋势，西宁市常住人口从 137.39 万人上升到 237.11 万人，拉萨市户籍人口从 38.89 万人上升到 55.44 万人。人口的增加带动了 GDP 的增长，西宁市和拉萨市 GDP 分别从 1980 年的 8.65 亿元和 2.98 亿元增长到 2018 年的 1 286.41 亿元和 540.78 亿元（图 7-9）。人口的大量涌入，造成西宁市和拉萨市城市用地面积紧张，其发展初期主要是建设居民点和道路，不透水面面积迅速增加。进入 21 世纪以来，西宁市和拉萨市人口增长态势减缓，城市发展注重生态环境建设，园林绿化和公园面积增加，城市绿地空间面积比例有所上升。

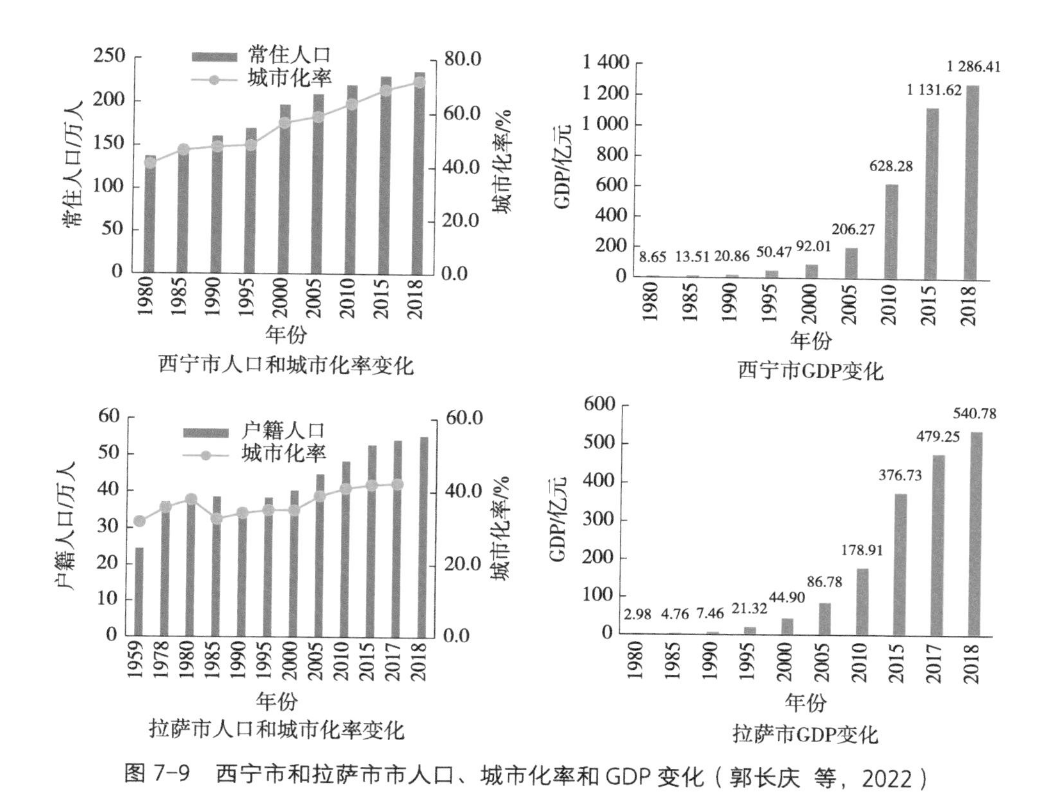

图 7-9　西宁市和拉萨市市人口、城市化率和 GDP 变化（郭长庆 等，2022）

（二）西宁市和拉萨市城市土地利用/覆盖变化的政策因素驱动

西宁市城市扩展受地处“四山夹三河”的河湟谷地的特殊地理条件决定，城市扩展受限。改革开放以来，在国家大力支持下，西宁市对基础产业、基础设施等方面进行投资建设，城市地表极大改变，不透水面面积逐年增加。西部大开发战略实施以来，西宁市加大了城市建设力度，先后建设了一大批高等级公路，不透水面面积进一步增加。随着西宁市实施“双环”战略以来（李凤桐 等，2009），建立建成多个公园、小游园和成片绿地，城市绿地面积显著增加，主城区绿化水平波动上升，不透水面面积比例稳步下降。由于长期分裂割据及恶劣自然条件的限制，拉萨市城市发展受限，城市规模在历史时期变化不明显。改革开放以来，国家于 1984 年决定援助西藏建设的 43 项重点工程中有 18 项在拉萨市区，集中分布于拉萨市的北区和西区，拉萨市城市建设得到了突飞猛进的发展（张增祥，2006）。西部大开发战略实施后，拉萨市城市建设进入高速发展时期，城市不透水面面积逐年增加，但随着拉萨市政府贯彻山水林田湖草生命共同体理念，开展国土绿化行动，巩固提升国家园林城市创建水平，实施“绿色围城”及周边山体造林，绿地空间面积迅速增加，绿地空间面积比例波动增长，不透水面面积比例呈现下降趋势（表 7-3）。

总体上，在国家政策的驱动下，尤其是西部大开发战略的实施，西宁市和拉萨市城市扩展迅速，城市地表覆盖变化明显，不透水面和绿地空间面积显著增加，主城区城市不透水面面积比例呈下降趋势，城市绿地空间面积比例呈上升趋势，城市绿化水平以波动状态提升。

四、西宁市和拉萨市城市园林绿化成效

城市园林绿化建设是城市建设的重要组成部分，城市园林绿化在改善城市环境质量、调节城市气候、维护城市生态系统平衡、美化城市容貌和丰富人民精神文化生活等方面有着不可替代的作用。它承担着生态环境保护、休闲游憩、景观营造等多种功能，是城市生态环境的重要保障和实现城市可持续发展战略的重要生态措施（李凤桐 等，2009）。2000 年以来西宁市和拉萨市城市园林绿化成效显著。截至 2018 年年底，西宁市和拉萨市城市绿化覆盖面积为 39.67 km^2 和 35.97 km^2，城市主城区绿化覆盖率为 39.60% 和 37.11%。西宁市和拉萨市城市公园绿地面积分别从 2002 年的 4.82 km^2 和 0.14 km^2 增加到 2018 年的 16.45 km^2 和 3.29 km^2，城市公园绿地面积分别增加了 11.63 km^2 和 3.15 km^2，人均城市绿地空间面积分别从 2000 年的 5.45 m^2 和 21.00 m^2 增加到 2018 年的 8.10 m^2 和 36.71 m^2，人均城市公园绿地面积分别从 2002 年的 2.38 m^2 和 0.35 m^2 增加到 2018 年的 6.94 m^2 和 5.93 m^2（图 7-10）。

近年来，西宁市围绕“高原绿”建设行动，立足公园城市建设，将公园形态和城市空间有机融合，构筑了多姿多彩的城市生态环境，推进了国家级环城生态公园建设进程。2006 年拉萨市自“创园”工程启动以来，拉萨市相关牵头部门重点打造城市“六绿”工程，持续加大城市园林绿化投入，城市的绿化现状明显改善，初步形成拉萨市的绿化新格局（任德智 等，2014）。

公园绿地建设起到了美化和改善城市生态环境的作用，在提高城市形象、服务市民及开展各种重大社会活动等方面发挥了不可替代的作用，其绿化成效为西宁市和拉萨市建设生态城市、宜居城市奠定了坚实的基础。

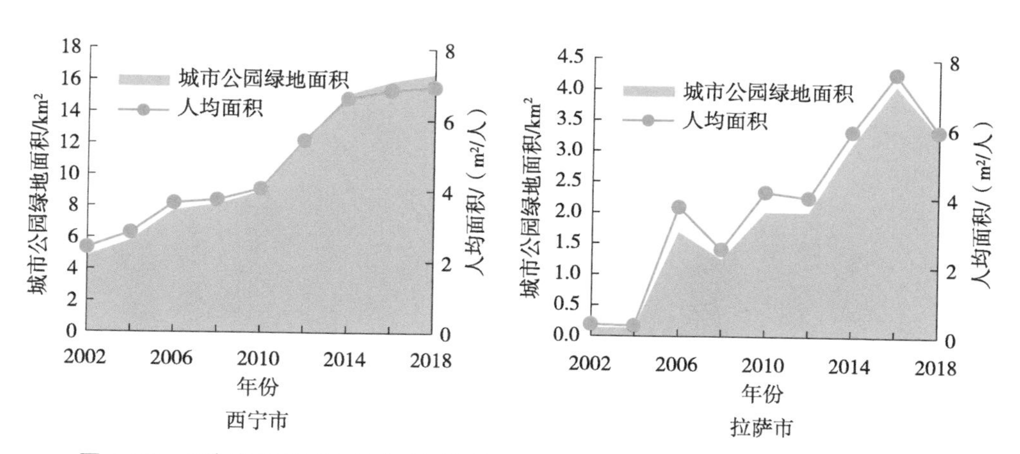

图 7-10　西宁市和拉萨市城市公园绿地面积及人均面积变化（郭长庆 等，2022）

第八章

总结与展望

第一节　总结

本书通过梳理近年来国内外人类活动强度相关研究进展，针对青藏高原特色，提出了高原人类活动强度新理念，按照科学性、系统性、完整性、可操作性、可度量性等原则，构建了适宜青藏高原人类活动强度的评估指标体系，分别从区域开发度、生态友好度和资源利用度三个维度评价了分项和总体人类活动的影响范围与强度，综合探讨了青藏高原近30年人类活动强度的时空演变特征，并基于青藏高原人类活动强度等级分割阈值，依据人类活动强度空间上的自然过渡，划分出高强度人类活动主导区、中等强度人类活动主导区、低强度人类活动主导区和近无人类活动干扰区四类主导区。本书的主要结论如下：

（1）青藏高原的人类活动格局，具有明显的历史沿袭性。青藏高原在地形地貌和高寒干燥气候的影响下，从历史时期至今，其人口、聚落、行政区划及其农牧业生产、基础设施建设等的分布格局具有显著的区域差异。高原内部，人类活动高度集中于河湟谷地和“一江两河”地区；高原东北、东部边缘区，也是人类活动的主要分布区。从人类活动强度看，清以降，受国家区域政策和周边地区的影响，人类活动强度在波动中增强，但无突破性变化。

（2）青藏高原人类活动强度总体较低且近年来增幅有所下降。1990—2020年青藏高原人类活动强度整体相对较低，多年均值为0.279；从人类活动强度等级来看，以中等及以下人类活动强度（中等、很弱和较弱）为主，面积占比达到67.08%；从空间分布来看，人类活动强度以西宁和拉萨为中心点往外辐射，高值区集中分布在河湟谷地和“一江两河”及云贵高原地区。近30年，青藏高原人类活动经历了“缓慢增长—快速增长—趋于平稳”的变化过程，人类活动强度由1990年的0.187增加至2000年的0.197，增幅达到5.69%；2000—2010年人类活动强度持续增加，增幅达到9.34%；2010—2020年人类活动强度增速有所下降，增幅仅有4.10%。

（3）青藏高原人类活动强度自东向西呈现“高强度—中等强度—低强度—

近无人干扰”的空间格局。1990—2020年，青藏高原高强度人类活动主导区面积明显增加，面积比例由3.93%增长至15.25%，增加了3.88倍，主要由西宁都市圈扩展至河湟谷地及由拉萨都市圈扩展至“一江两河”地区；中等强度人类活动主导区在西北部明显增加，在东部则广泛发生着向高强度人类活动主导区转化的现象；低强度人类活动主导区在中东部显著减少，主要转化为中等强度人类活动主导区；近无人类活动干扰区在西藏高原明显减少，主要转化为低强度人类活动主导区。

（4）青藏高原不同省份间人类活动强度及其主导区均具有明显的地域分异规律。西藏自治区人类活动以低强度人类活动主导区为主，主要分布在阿里地区、那曲市西部等地区，同时其强度由拉萨都市圈、“一江两河”地区向外呈现圈层式下降趋势。青海省人类活动以低强度和中等强度人类活动主导区为主，主要分布在海西蒙古族藏族自治州、果洛藏族自治州等地区，其强度由青东甘南的河湟谷地向外呈现递减趋势。四川省以高强度和中等强度人类活动主导区为主。甘肃省和云南省则以高强度人类活动主导区为主，主要分布在甘肃省西武威市和甘南藏族自治州、云南省丽江市等地区。新疆维吾尔自治区人类活动强度较弱，整体上以近无人类活动干扰区和低强度人类活动主导区为主。

（5）青藏高原城镇土地和城镇化效率变化明显。城镇扩展的整体发展模式由双中心向多中心转变，由兰州－西宁城区逐渐扩展到青藏高原中部和南部。近30年，青藏高原的土地城镇化与人口城镇化之间的不相容性日益增强，经济发展速度远高于城镇扩展速度。高原33.33%的地级市平均城镇土地利用效率仍有较大提升空间。高原城镇人口密度呈现“先增后降”的趋势，由1990年的1.44人/km^2增加至2000年的1.47人/km^2，再下降至2020年的1.31人/km^2。城镇经济密度则由1990年的1.40亿元/km^2稳步增长到2020年的12.97亿元/km^2。高原环境中的低人口容量可能是导致城镇人口密度和城镇经济密度之间变化模式存在差异的原因。

第二节　展望

作为地球第三极，高原地区自新中国成立以来人口、经济持续快速增长，特别是进入21世纪，仍保持较高的增长速度，加之高原生态屏障等重大工程的实施，精准刻画和科学评价青藏高原近现代以来的人类活动轨迹和变化程度对于支撑生态文明建设、高原绿色发展和自然生态保护具有重要作用。本书剖析了青藏高原人类活动的概念，构建了一套全面表征高原人类活动强度的指标体系，分析了近现代以来高原人类活动的过程及其时空格局。本书有利于科学揭示高原人类活动结构和强度的时空差异，科学评估人类活动对高原生存环境影响的安全状态和趋势，为青藏高原高质量发展和生态保护提供科技支撑。本书成果具有一定参考价值，但仍存在不足和需进一步深化和补充之处，提出以下几点展望：

（1）本书的人类活动强度部分参数未全部精确至公里网格尺度。如，青藏高原的牲畜数量仅获取的最小单位为县域，放牧密度的空间化涉及多种因素，其中季节牧场是非常重要的因素，夏季牧场的转场和放牧时间存在明显的区域分异特征，因青藏高原面积大，环境地理要素复杂，季节牧场的准确边界难以获取，本书未区分冷季、暖季、割草兼放牧和全年放牧草场，在今后的研究中应深入研究。

（2）在指标选取上因数据获取受限，未来仍有可增加的指标。以旅游活动为例，在本次人类活动强度评估中，仅考虑了旅游景点数量，而旅游人数和交通流量对高原生态系统也会产生巨大影响，且两者与高原地区旅游景区等分布不均，单纯用景区密度不能充分刻画旅游发展的强度，此外流动人口数量和交通流量的区域差异未充分体现。因此，准确评估青藏地区人类活动强度，仍需要更全面地考虑区域的人类活动特征和获取更为详细的相关资料。

（3）单项的人类活动强度指标空间精度仍有待提升。部分来自于统计年鉴中的社会经济统计指标，比如放牧强度、人口密度等，是基于县域尺度，并没有在像元尺度上进一步验证结果的准确性。在未来需要整合长时相的空间和地面监测数据，从更小尺度上验证人类活动变化。

（4）本书强调了城镇化对区域发展的影响，但考虑到人类活动的多维度，应更多角度的加入影响社会发展效率的量化指标，从城镇内部出发，刻画青藏高原城镇的土地、人口、经济和生态的时空特征，揭示土地城镇化与人口城镇化不相容的原因。鉴于高原土地利用受高山环境的限制，如何协同推进新型城镇化和生态环境保护实现青藏高绿色可持续发展，值得进一步研究。

参考文献

班洁，2017. 加强青藏高原草原的生态保护和建设 . 中国畜牧业，(4)：2-34.

鲍超，刘若文，2019. 青藏高原城镇体系的时空演变 . 地球信息科学学报，21(9)：1330-1340.

曹树基，2001. 中国人口史(第五卷)清时期 . 上海：复旦大学出版社 .

曾国庆，2012. 清代藏族历史 . 北京：中国藏学出版社 .

柴文雯，贾夏，赵永华，等，2024. 黄土高原人类活动强度与植被覆盖时空关联性. 生态学报，44(15)：1-14.

陈东军，钟林生，樊杰，等，2022. 青藏高原国家公园群功能评价与结构分析 . 地理学报，77(1)：196-213.

陈发虎，汪亚峰，甄晓林，等，2021. 全球变化下的青藏高原环境影响及应对策略研究 . 中国藏学，(04)：21-28.

陈德亮，徐柏青，姚檀栋，等，2015. 青藏高原环境变化科学评估：过去、现在与未来 . 科学通报，60(32)：3025-3035+1-2.

陈钟，2010. 青藏高原天然草地综合顺序分类与遥感监测研究 . 兰州：兰州大学 .

陈观浔，1986. 西藏志 . 成都：四川古籍出版社 .

陈学平，杨艳刚，尚占环，等 . 2018. 青藏高原公路两侧草地土壤种子库特征研究——以国道 214 公路共玉公路段为例 . 草地学报，26(1)：85-91.

成一农，2007. 清代的城市规模与行政等级 . 扬州大学学报(人文社会科学版)，(3)：124-128.

成升魁，沈镭，2000. 青藏高原人口、资源、环境与发展互动关系探讨 . 自然资源学报，(4)：297-304.

成崇德，1996. 清代西藏开发研究 . 北京：北京燕山出版社 .

崔佳莹，2020. 1980s 以来青藏高原粮食和肉类供需时空格局和未来预测 . 石家庄：河北师范大学 .

崔永红，1998. 青海经济史(古代卷). 西宁：青海人民出版社 .

丁文江，翁文灏，曾世英，1933. 中国分省新图 . 上海：申报社 .

段群滔，罗立辉，2020. 1990–2015 年青藏高原人类足迹数据集 . 中国科学数据(中英文网络版)，5(03)：303-312.

段健，徐勇，孙晓一，2019. 青藏高原粮食生产、消费及安全风险格局变化 . 自然资源学报，34(4)：673-688.

方创琳，2022. 青藏高原城镇化发展的特殊思路与绿色发展路径 . 地理学报，77(08)：1907-1919.

方创琳，2018. 改革开放 40 年来中国城镇化与城市群取得的重要进展与展望 . 经济地理，38（9）：1-9.

冯雨雪，李广东，2020. 青藏高原城镇化与生态环境交互影响关系分析 . 地理学报，75（7）：1386-1405.

高金龙，陈江龙，苏曦，2013. 中国城市扩张态势与驱动机理研究学派综述 . 地理科学进展，32（5）：743-754.

高兴川，曹小曙，李涛，等，2019. 1976—2016 年青藏高原地区通达性空间格局演变 . 地理学报，74（6）：1190-1204.

古格 · 其美多吉，2013. 中国省市区地理 西藏地理 . 北京：北京师范大学出版社 .

顾锡静，2021. "一江两河" 地区历史聚落演变与耕地空间格局重建 [D]. 青海师范大学，2021.

关卫星，焦国成，刘启勇，等，2012. 西藏一江两河地区农业耕作制度的现状与改革对策 . 西藏农业科技，34（4）：44-48.

郭淑梅，郑天立，黄文博，等，2020. 青藏高原共玉公路沿线取弃土场修复效果可持续性评估 . 草业科学，37（11）：2243-2250.

国家统计局国民经济综合统计司，2010. 新中国六十年统计资料汇编 . 北京：中国统计出版社 .

何明花，刘峰贵，唐仲霞，等，2014. 西宁市城市土地集约利用研究 . 干旱区资源与环境，28（3）：44-49.

何一民，2014. 世界屋脊上的城市 . 北京：社会科学文献出版社 .

胡志斌，何兴元，李月辉，等，2007. 岷江上游地区人类活动强度及其特征 . 生态学杂志，26（04）：539-543.

匡文慧，2021. 中国城市土地利用覆盖变化图集 . 北京：科学出版社 .

刘永杰，杨琴，2023. 青藏高原退化草地修复研究进展及展望 . 中国草地学报，45（10）：131-143.

刘雨涵，董婧怡，2022. 青藏高原农牧业与饮食 . 人类活动与生存环境安全 .

刘振，刘盛和，戚伟，等，2021. 青藏高原流动人口居留意愿及影响因素 . 地理学报，76（09）：2142-2156.

李媛媛，李锋，陈春，2021. 青藏高原地区农村居民点空间演化特征及驱动力研究 . 农业现代化研究，42（6）：1114-1125.

刘世梁，刘芦萌，武雪，等，2018. 区域生态效应研究中人类活动强度定量化评价 . 生态学报，38（19）：6797-6809.

刘志强，邢琳琳，2016. 我国城市绿地水平空间分布及变化特征研究 . 北方园艺，（6）：74-79.

李士成，张镱锂，何凡能，2015. 过去百年青海和西藏耕地空间格局重建及其时空变化 . 地理科学进展，34（2）：197-206.

李晓宁，满燕云，2014. 京津冀城市群土地集约利用分析 . 商业时代，（26）：131-134.

李勇，2013. 青藏高原城市化发展模式研究 . 经济研究参考，（25）：35-51.

李凤桐，朱春来，2009. 西宁市园林城市建设研究 . 河北农业科学，13（11）：84-85+153.

刘纪远，张增祥，徐新良，等，2009. 21 世纪初中国土地利用变化的空间格局与驱动力分析 . 地理学报，64（12）：1411-1420.

刘景华，1995. 清代青海的商业 . 青海社会科学，（3）：94-98.

刘秀生，1989. 清代中后期青藏云贵的商业交通 . 中国社会经济史研究，（4）：47-52.

龙笛，李雪莹，李兴东，等，2022. 遥感反演 2000—2020 年青藏高原水储量变化及其驱动机制 . 水科学进展，33（3）：375-389.

罗静，张镱锂，刘峰贵，等，2014. 青藏高原东北部河湟谷地 1726 年耕地格局重建 . 地理研究，33（7）：1285-1296.

马玉英，2006. 青藏高原城市化的制约因素与发展趋势分析 . 青海师范大学学报（哲学社会科学版），（4）：22-25.

牛亚菲，1999. 青藏高原生态环境问题研究 . 地理科学进展，（02）：69-77.

彭海月，任燕，李琼，等，2022. 青藏高原土地利用 / 覆被时空变化特征 . 长江科学院院报，39（8）：41-49，57.

戚伟，刘盛和，周亮，2020. 青藏高原人口地域分异规律及“胡焕庸线”思想应用 . 地理学报，75（2）：255-267.

戚伟，2019. 青藏高原城镇化格局的时空分异特征及影响因素 . 地球信息科学学报，21（8）：1196-1206.

青海统计局，2020. 青海统计年鉴 . 北京：中国统计出版社 .

任强，艾鷖，胡健，等，2021. 不同强度牦牛放牧对青藏高原高寒草地土壤和植物生物量的影响 . 生态学报，41（17）：6862-6870.

任德智，周鑫，郭其强，等，2014. 拉萨城市绿化现状及对策 . 北京农业，（15）：254-256.

荣益，李超，许策，等，2017. 城镇化过程中生态系统服务价值变化及人类活动影响的空间分异——以黄骅市为例 . 生态学杂志，36（5）：1374-1381.

邵全琴，樊江文，刘纪远，等，2017. 基于目标的三江源生态保护和建设一期工程生态成效评估及政策建议 . 中国科学院院刊，32（01）：35-44.

沈大军，陈传友，1996. 青藏高原水资源及其开发利用 . 自然资源学报，（1）：8-14.

孙鸿烈，郑度，姚檀栋，等，2012. 青藏高原国家生态安全屏障保护与建设 . 地理学报，67（01）：3-12.

谭其骧，1982. 中国历史地图集 第八册 清时期 . 北京：中国地图出版社 .

汪东川，王思润，王志恒，等，2024. 青藏高原人类工程活动强度定量评价及时空格局演变 . 生态学报，44（10）：4142-4156.

王立景，肖燚，孔令桥，等，2022. 青藏高原草地承载力空间演变特征及其预警研究 . 生态学报，（16）：1-11.

王云，关磊，周红萍，等，2020. 共和—玉树高速公路穿越星星海保护区路段野生动物保护对策研究 . 公路工程，45（1）：88-91.

王振波，李嘉欣，郭义强，等，2019. 青藏高原山水林田湖草生态保护修复模式——以拉萨河流域为例 . 生态学报，39（23）：8966-8974.

王小丹，程根伟，赵涛，等，2017. 西藏生态安全屏障保护与建设成效评估 . 中国科学院院刊，32（01）：29-34.DOI：10.16418/j.issn.1000-3045.2017.01.004.

王宇坤，陶娟平，刘峰贵，等，2015. 西藏雅鲁藏布江中游河谷地区 1830 年耕地格局重建 . 地理研究，34（12）：2355-2367.

魏雪，李雨，吴鹏飞，2022. 青藏高原不同牧草人工草地对土壤线虫群落的影响 . 生态学报，42（3）：1071-1087.

魏伟，张轲，周婕，2020. 三江源地区人地关系研究综述及展望：基于“人、事、时、空”视角 . 地球科学进展，35（1）：26-37.

魏建兵，肖笃宁，解伏菊，2006. 人类活动对生态环境的影响评价与调控原则 . 地理科学进展，25（2）：36-45.

文英，1998. 人类活动强度定量评价方法的初步探讨 . 科学对社会的影响，（4）：56-61.

吴雪，刘峰贵，刘林山，等，2021. 青藏高原牲畜数量变化及其空间特征 . 生态科学，40（6）：38-47.

西藏自治区统计局，2020. 西藏统计年鉴 . 北京：中国统计出版社 .

西藏自治区交通厅，2001. 西藏古近代交通史 . 北京：人民交通出版社 .

徐新良，陈建洪，张雄一，2021. 我国农田面源污染时空演变特征分析 . 中国农业大学学报，26（12）：157-165.

徐勇，孙晓一，汤青，2015. 陆地表层人类活动强度：概念、方法及应用 . 地理学报，70（7）：1068-1079.

徐志刚，庄大方，杨琳，2009. 区域人类活动强度定量模型的建立与应用 . 地球信息科学学报，11（4）：452-460.

杨晓霞，赵新全，董全民，等，2023. 青藏高原高寒草地适应性管理释义：概念及实现途径 . 科学通报，68（19）：2526-2536.

杨阿维，2020. 发达国家农牧业发展模式对青藏高原农牧业发展的启示 . 西藏农业科技，42（2）：90-94.

姚檀栋，陈发虎，崔鹏，等，2017. 从青藏高原到第三极和泛第三极 . 中国科学院院刊，32（09）：924-931.DOI：10.16418/j.issn.1000-3045.2017.09.001.

张晓瑶，陆林，虞虎，等，2021. 青藏高原土地利用变化对生态系统服务价值影响的多情景模拟 . 生态学杂志，40（3）：887-898.

张江，袁旻舒，张婧，等，2020. 近 30 年来青藏高原高寒草地 NDVI 动态变化对自然及人为因子的响应 . 生态学报，40（18）：6269-6281.

张磊，李静，陈瑞华，等 . 2016. 共玉公路多年冻土段植被现状调查分析 . 山东交通科技，（5）：102-103，131.

张越，2020. 青藏高原地区城镇发展格局研究 . 西北大学 .

张海燕，辛良杰，樊江文，等，2019. 高原人类活动强度数据（2012—2017）. 国家青藏高原科学数据中心，DOI：10.11888/HumanNat.tpdc.271911. CSTR：18406.11. HumanNat. tpdc.271911.

张镱锂，刘林山，王兆锋，等，2019. 青藏高原土地利用与覆被变化的时空特征 . 科学通报，64（27）：2865-2875.

张镱锂，李兰晖，丁明军，等，2017. 新世纪以来青藏高原绿度变化及动因 . 自然杂志，39（03）：173-178.

张宏，2016. 中国省市区地理 四川地理 . 北京：北京师范大学出版社 .

张宪洲，杨永平，朴世龙，等，2015. 青藏高原生态变化 . 科学通报，60（32）：3048-3056.

张镱锂，吴雪，祁威，等，2015a. 青藏高原自然保护区特征与保护成效简析 . 资源科学，37（7）：1455-1464.

张镱锂，胡忠俊，祁威，等，2015b. 基于 NPP 数据和样区对比法的青藏高原自然保护区保护成效分析 . 地理学报，70（7）：1027-1040.

张车伟，蔡翼飞，2012. 中国城镇化格局变动与人口合理分布 . 中国人口科学，（6）：44-57，111-112.

张海峰，2010. 1949—2007 年青海省产业结构演进特征与机理 . 青海师范大学学报（自然科学版），26（4）：74-82.

张增祥，2006. 中国城市扩展遥感检测 . 北京：星球地图出版社 .

章有义，1991. 近代中国人口和耕地的再估计 . 中国经济史研究，（1）：20-30.

赵文林，谢淑君，1988. 中国人口史 . 北京：人民出版社 .

郑宝恒，2020. 民国时期行政区划变迁述略（1912—1949）. 湖北大学学报（哲学社会科学版），2000（02）：88-92.

郑得坤，李凌，2020. 城镇化、人口密度与居民消费率 . 首都经济贸易大学学报，22（2）：13-24.

郑文武，邹君，田亚平，等，2011. 基于 RS 和 GIS 的区域人类活动强度空间模拟 . 热带地理，31（1）：77-81.

钟祥浩，刘淑珍，王小丹，等，2006. 西藏高原国家生态安全屏障保护与建设 . 山地学报，（02）：129-136.

周雅萍，赵先超，2024. 长株潭城市群人类活动强度与生态系统服务价值空间关系 . 中国环境科学，44（5）：2948-2960.

周侃，张健，虞虎，等，2022. 国家公园及周边地区人为扰动强度的时空变化与驱动因素——以三江源国家公园为例 . 生态学报，42（14）：5574-5585.

周智生，2007. 历史上的滇藏民间商贸交流及其发展机制 . 中国边疆史地研究，（1）：82-89.

朱斌，2021. 青藏高原植被对气候变化及人类活动的响应研究 . 南京林业大学 .

卓玛措，2010. 中国省市区地理 青海地理 . 北京：北京师范大学出版社 .

An Q，Yuan X，Zhang X，et al.，2024. Spatio-temporal interaction and constraint effects between ecosystem services and human activity intensity in Shaanxi Province，China. Ecological Indicators，160：111937.

Bai Z, Wang J, Wang M et al., 2018. Accuracy Assessment of Multi-Source Gridded Population Distribution Datasets in China. Sustainability, 10(5): 1363.

Cai H, Yang X, Xu X, 2015. Human-induced grassland degradation/restoration in the central Tibetan Plateau: The effects of ecological protection and restoration projects. Ecological Engineering, 83: 112-119.

Cheng C Z, Yang X H, Cai H Y, 2021. Analysis of Spatial and Temporal Changes and Expansion Patterns in Mainland Chinese Urban Land between 1995 and 2015. Remote Sensing, 13: 1-22.

Huang Z N, Chen Y B, Zheng Z H, et al., 2023. Spatiotemporal coupling analysis between human footprint and ecosystem service value in the highly urbanized Pearl River Delta urban Agglomeration, China, Ecological Indicators, 148(110033): 1-15.

Haberl H, Erb K H, Krausmann F, et al., 2007. Quantifying and mapping the human appropriation of net primary production in earth's terrestrial ecosystems. Proceedings of the National Academy of Sciences of the United States of America, 104(31): 12942-12945.

Kuang W H, Zhang S, Li X Y, et al., 2021. A 30-meter Resolution Dataset of China' s Urban Impervious Surface Area and Green Space Fractions, 2000-2018. Earth System Science Data, 13(1): 63-82.

Kuang W H, 2020. National Urban Land-use/Cover Change Since the Beginning of the 21st Century and Its Policy Implications in China. Land Use Policy, 97: 104747.

Kennedy C M, Oakleaf J R, Theobald D M, et al., 2019. Managing the Middle: A Shift in Conservation Priorities Based on the Global Human Modification Gradient. Global Change Biology, 25(3): 811-826.

Kuang W H, Yan F Q, 2018. Urban Structural Evolution Over a Century in Changchun City, Northeast China. Journal of Geographical Sciences, 28(12): 1877-1895.

Kang X, Hao Y, Cui X et al, 2016. Variability and Changes in Climate, Phenology, and Gross Primary Production of an Alpine Wetland Ecosystem. Remote Sensing, 8(5): 391.

Kantakumar L N, Kumar S, Schneider K, 2016. Spatiotemporal Urban Expansion in Pune Metropolis, India Using Remote Sensing. Habitat International, 51: 11-22.

Liu, H., Cheng, Y., Liu, Z., Li, Q., Zhang, H., & Wei, W, 2023. Conflict or Coordination? The Spatiotemporal Relationship Between Humans and Nature on the Qinghai - Tibet Plateau. Earth's Future, 11(9), e2022EF003452.

Li C P, Cai G Y, Du M Y, 2021. Big Data Supported the Identification of Urban Land Efficiency in Eurasia by Indicator SDG 11.3.1. ISPRS International Journal of Geo-Information, 10: 1-12.

Li S, Zhang Y, Wang Z et al., 2018a. Mapping human influence intensity in the Tibetan Plateau for conservation of ecological service functions. Ecosystem Services, 30: 276-286.

Li D, Wu S, Liu L et al. 2018b, Vulnerability of the global terrestrial ecosystems to climate change [J]. Global Change Biology, 24(9): 4095-4106.

Liu H, Mi Z, Lin L et al., 2018. Shifting plant species composition in response to climate change stabilizes grassland primary production. Proceedings of the National Academy of Sciences, 115 (16): 4051-4056.

Luo L, Ma W, Zhuang Y, et al., 2018. The impacts of climate change and human activities on alpine vegetation and permafrost in the Qinghai-Tibet Engineering Corridor. Ecological Indicators, 93: 24-35.

Lu D D, Fan J, 2009. 2050: The Regional Development of China. Beijing: Science Press.

Mildrexler D J, Zhao M S, Running S W, 2009. Testing a MODIS Global Disturbance Index across North America. Remote Sensing of Environment, 113 (10): 2103-2117.

Myers, et al., 2000. Biodiversity hotspots for conservation priorities. Nature 403: 853-858.

Marsh G P., 1864. Man and Nature Or, Physical Geography as Modified by Human Action. Cambridge: Harvard University Press.

Olson, et al., 2001. Terrestrial ecoregions of the world: A new map of life on earth. Bioscience, 51: 933-938.

Song X Q, Feng Q, Xia F Z, et al., 2021. Impacts of changing urban land-use structure on sustainable city growth in China: A population-density dynamics perspective. Habitat International, 107: 1-18.

Sanderson E W, Jaiteh M. Levy M, et al., 2002. The Human Footprint and the Last of the Wild. BioScience, 52 (10): 891-904.

Sukopp H, 1976. Dynamik und Konstanz in der flora der Bundesrepublik Deutschland. Schriftenreihe fur Vegetationskunde, 10: 9-27.

Wei, Y Q, Lu H Y, Wang J N, et al., 2022. Dual influence of climate change and anthropogenic activities on the spatiotemporal vegetation dynamics over the Qinghai - Tibetan plateau from 1981 to 2015. Earth's Future 10.5: e2021EF002566.

Wu C Y, Huang X J, Chen B W, 2020. Telecoupling Mechanism of Urban Land Expansion Based on Transportation Accessibility: A Case Study of Transitional Yangtze River Economic Belt, China. Land Use Policy, 96: 104687.

Woolmer G, TrombulakS C, Ray J C, et al., 2008. Rescaling the human footprint: a tool for conservation planning at an ecoregional scale. Landscape and Urban Planning, 87 (1): 42-53.

Xiao Y X, Gong P, 2022. Removing spatial autocorrelation in urban scaling analysis. Cities, 124: 1-9.

Yuan, Q., Yuan, Q. Ren, P, 2021. Coupled effect of climate change and human activities on the restoration/degradation of the Qinghai-Tibet Plateau grassland. Journal of Geographical Sciences, 31: 1299-1327. https: //doi.org/10.1007/s11442-021-1899-8.

Zhang Y, Jin B, Zhang X, et al., 2023. Grazing alters the relationships between species diversity and biomass during community succession in a semiarid grassland. Science of The Total Environment, 887, 164155.

Zhu J T, Zhang Y J, Wu J S, et al., 2024. Herbivore exclusion stabilizes alpine grassland biomassproduction across spatial scales. Global Change Biology, 30: e17155.

Zhang J J, Jiang F, Li G Y, et al., 2021. The four antelope species on the Qinghai-Tibet plateau face habitat loss and redistribution to higher latitudes under climate change. Ecological Indicators, 123 (107337): 1-9.

Zhang S, Fang C L, Kuang W H, et al., 2019. Comparison of Changes in Urban Land Use/Cover and Efficiency of Megaregions in China from 1980 to 2015. Remote Sensing, 11: 1-18.

Zhu Z, Piao S, Myneni R B et al., 2016. Greening of the Earth and its drivers. Nature Climate Change, 6, 791–795.